土壤淋洗与热脱附修复技术研究及工程应用

Research and Engineering Applications of Soil Washing and Thermal Desorption Remediation Technologies

丁　宁　徐贝妮　王名致　马　栋◎著

中国石化出版社
·北京·

图书在版编目（CIP）数据

土壤淋洗与热脱附修复技术研究及工程应用=Research and Engineering Applications of Soil Washing and Thermal Desorption Remediation Technologies / 丁宁等著 .—北京：中国石化出版社，2023.7

ISBN 978-7-5114-7089-8

Ⅰ.①土… Ⅱ.①丁… Ⅲ.①土壤污染-生态恢复-研究 Ⅳ.①X530.5

中国国家版本馆 CIP 数据核字（2023）第 111928 号

中国石化出版社出版发行

地址:北京市东城区安定门外大街 58 号
邮编:100011 电话:(010)57512500
发行部电话:(010)57512575
http://www.sinopec-press.com
E-mail:press@sinopec.com
北京艾普海德印刷有限公司印刷
全国各地新华书店经销

*

710 毫米×1000 毫米 16 开本 11.75 印张 252 千字
2023 年 12 月第 1 版 2023 年 12 月第 1 次印刷
定价：78.00 元

序 言
FOREWORD

随着我国城市化和工业化进程不断推进和产业格局调整加快，老旧工矿企业搬迁遗留的场地土壤污染问题日渐突出。土壤污染严重威胁着我国生态环境安全、人居环境安全和农产品质量安全，引发了全社会的关注。习近平总书记曾多次强调“强化土壤污染管控和修复，有效防范风险，让老百姓吃得放心、住得安心”。开展土壤污染过程与风险基础研究，推进土壤污染管控与修复共性关键技术研发，强化土壤环境监管，保障土壤生态环境安全，既是加大《土壤污染防治行动计划》科技支撑力度的现实需要，也是支撑美丽中国、生态文明建设的长期需要。

与西方国家相比，我国土壤修复起步较晚。然而，随着我国经济社会发展及环境质量标准提高，对污染土壤治理的需求越来越多。我国工业场地土壤和地下水污染物成分复杂、污染浓度高，所要求的修复周期往往较短而修复标准较严，为土壤修复工程实施带来了很大的挑战。近十多年来，我国在场地土壤和地下水污染管控与修复技术发展迅速，但与西方发达国家的相比，相关技术的转化率仍不高，总体上处于跟踪与创新并进阶段。土壤淋洗技术通过其物理/化学工艺能有效去除土壤中的重金属，是为数不多的能永久性将重金属与土壤分离的方法之一。热脱附技术通过其直接热交换或间接热交换，将土壤中有机污染物或挥发性金属加热到一定温度，使其从土壤或地下水中挥发或分离。这两种技术修复效果持久，其工程化与装备化的技术体系对我国工业污染场地有较好的适用性。

本书针对上述两种技术，从技术分类、技术特征、技术装备、工程案例等方面进行了详细的阐述，对作用机制和影响因素也进行了深入解析，并对国内外相关小试和升级规模的应用案例做了充分调研，其全面程度很高。此外，本书还提供了工程案例精选汇编，从项目背景、场地条件、修复目标、修复工艺流程、设备组成结构单元、运行参数等方面，系统地展示了作者近年来工程项目的实践成果。这些项目均采用成套技术，实现了装备一体化，在减污降碳上有出色表现。这些宝贵的实践经验将为环境修复从业者提供重要参考。此外，在“双碳”不断深化的大背景下，作者还讨论了上述技术与绿色新兴技术联用的可能性，探索了在达到修复目标的基础上土壤修复工程对土壤环境的影响最小化，确保在经济、社会、生态环境各方面实现效益平衡与可持续性。

本书的著者将多年来在土壤修复，特别是工业场地修复的研究与工程经验倾囊相授，撰写的内容取其精华、知行合一，可为土壤修复工程技术人员、研究生及相关行业管理者提供重要技术参考。

中国科学院南京土壤研究所　研究员　骆永明

序言

FOREWORD

自 2004 年国家环境保护总局发布《关于切实做好企业搬迁过程中环境污染防治工作的通知》以来，中国的土壤修复行业已经走过了 20 个年头，这 20 年来行业从起步萌芽到逐步成熟和规范，2016 年的《土壤污染防治行动计划》和 2019 年的《中华人民共和国污染防治法》的颁布和实施开启了行业发展的新篇章。

与旧有的污染土壤置换的工程实施模式相比，原地异位或原地原位修复技术越来越得到监管部门和行业有识之士的认可。这类修复技术不仅可以使土壤达到回填或安全利用标准，使土壤回归本身的资源性质，且反弹风险低，无需长期监测管控，减少异地处置的监管成本。首先，未来行业的发展方向会更加强调绿色节能与生态保护，修复技术需要更绿色、环保、低排放，不会造成二次污染，并能充分实现生态修复，随着“碳达峰、碳中和”目标的提出，这一趋势更加明朗。其次，技术会向更加集成化方向发展，传统的生物、物理、化学修复方法各有优势和劣势，随着修复要求的提高，能够体现多技术优势的高效修复的集成修复技术将有更大优势。

土壤淋洗和热脱附技术也是近年来钢铁、焦化、化工、农药等重点行业的大型复杂搬迁工业污染地块修复项目广泛应用的主流技术。土壤淋洗以其高效的减量化和分离重金属污染细颗粒的效果，能有效控制项目成本和二次污染；而热脱附技术则可以彻底去除大部分有机污染物和部分可通过加热挥发的无机污染物，其中原位热脱附技术可以做到对场地进行最低程度的扰动，避免对周边环境的影响和污染物的逸散。这两种技术也可与其他技术耦合实施以提高修复效果和降低经济成本，如淋洗耦合水泥窑协同处置，淋洗耦合稳定化固化，热脱附耦合化学氧化、微生物修复等。

我与本书的四位作者都是这个新时代的见证者和参与者，我认为无论从学术研究还是行业发展角度，都迫切需要对淋洗和热脱附技术从专业角度进行技术和装备的应用总结，即超出科普范畴的、有深度、有实际案例的“干货”。本书的作者丁宁教授、徐贝妮高级工程师、王名致博士、马栋博士在污染地块修复领域均拥有十余年从业经历，是产学研用结合的典型代表。本书既提供了淋洗和热脱附技术的学术研究分析，同时也从土壤修复工程实施操作层面进行了案例分享。一方面本书的写作风格符合学术的规范，对科学原理的介绍严谨透彻，另一方面书中提供了丰富的工程案例和技术细节，以及大量的数据，都受益于他们多年来从亲身参与实施的修复工程中获得的第一手资料。

因此，本书可作为学习或研究热脱附和淋洗的技术细节和实践应用的环境修复从业者、环境管理者阅读的专业参考书籍，也可以作为环保装备研发和应用者以及环境工程专业高年级的研究生作为参考和培训教材使用。

中国科学院生态环境研究中心　研究员　焦文涛

前言

PREFACE

我国污染场地多且类型复杂，通常是由石油开采、化工生产、医药制造及矿业活动等途径造成的。这些场地主要为重金属和/或有机物污染，与该场地行业生产活动紧密相关，导致污染场地污染程度重、范围大。直至21世纪初，多起土壤污染危害事件的发生，土壤修复在我国才引起足够的重视。2016年5月实施的《土壤污染防治行动计划》(简称《土十条》)为土壤修复事业提供了指导和具体目标，极大地促进了“十三五”期间我国土壤修复市场的快速发展。2019年1月正式实施的《中华人民共和国土壤污染防治法》，填补了我国土壤防治法律的空缺。

和水、气、固废治理相比，我国土壤修复起步较晚。随着我国经济发展及环境质量标准不断提高，对污染土壤治理的需求将越来越大。针对我国土壤污染特征，特别是工业场地高污染、修复周期短的特点，物理和化学处理在现阶段仍将处于主导地位。土壤淋洗技术通过物理/化学工艺能有效去除土壤中的重金属，是为数不多的永久性将重金属与土壤分离的方法之一。热脱附技术通过直接热交换或间接热交换，将土壤中有机污染物或挥发性金属加热到足够温度，使其从土壤介质中挥发或分离。这两种技术修复效果持久、修复效率高，其工程化与装备化的技术体系对我国工业污染场地有较好的适用性。此外，在我国降碳减排不断深化的大背景下，这两种技术与绿色生物技术联用将达到优势互补，实现环境与经济效益的平衡。

本书详尽地阐述了国内外土壤修复的历史与发展、土壤中的污染物及主要修复技术，并系统地介绍了土壤淋洗和热脱附这两种相对成熟且高效的土壤修复技术，结合文献和我们的研究与工程项目探讨其应用背景、技术分类、技术特征、技术装备与工程案例，最后在客观分析的基础上分别对这两种技术的联用修复提出了展望。本书共6章，第1章由丁宁、马栋撰写，第2章由丁宁撰写，第3章由丁宁撰写，第4章由丁宁、徐贝妮、王名致撰写，第5章由丁宁、徐贝妮、王名致撰写，第6章由丁宁撰写。李紫薇、刘琨、张建新在全书的撰写过程中做了大量文字、图表校对工作，在此致以感谢。

本书可作为污染场地修复领域专业技术人员和管理人员的参考书。由于作者水平有限，书中难免存在疏漏与错误，敬请读者批评指正！

目 录
CONTENTS

第1章　污染场地修复概述

1　污染场地的历史

近几个世纪，自人类开始开采赤铁矿，进而开采孔雀石以生产铜以来，产生的废物一直被倾倒在原始的垃圾堆中潜在有害的化学物质(污染物)便进入了土壤上层，然而，英国的工业革命后，土壤污染加速，在18世纪和19世纪之交蔓延到欧洲、美国和日本等发达国家和地区，其发展的特点是污染物排放到环境中的比例大幅增加。土壤通常被认为是进入环境污染物的最终汇。因此，大规模的化肥使用、工业生产的扩大、化石燃料的使用，以及作为一个整体影响因素——人口的巨大增长，均导致排放至土壤的污染物大量增加。不仅污染物的总体产生率显著增加，为生活或工业用途而生产的某些产品或副产品，也导致最终进入环境和土壤中各类化合物的大量增加。

早期污染场地的形成主要是由于污染物迁移，即金属矿石和原油中的金属从较深的土壤层迁移到上部土壤层。到了20世纪，土壤中已经存在的危害较小的化合物逐渐生成了大量不同种类的有机化合物及金属有机络合物。此外，土壤经常被有意当作渗坑。例如，通过原始土地填埋将含有液体的污染物释放到土壤中。直到20世纪70年代，大多数人仍认为多余的废物就像将污水倾倒在厨房水槽中一样，会直接消失在看不见的未知目的地，并且不会带来任何负面影响。这可能是基于以下理念，即土壤-地下水系统能够将污染物纳入某种物理、化学或生物循环过程，或者简单地通过稀释来“处理废物”。尽管后一种理念反映出某些污染场地现代风险管理程序中的论点，但土壤的“自净”能力远不能抵消不断增加的污染负荷。从预防措施和土壤修复的成本比来看，早期对污染物的处理方法是非常不成熟的[1]。

2　场地污染事件

20世纪70年代初期，几个西方国家率先制定了与土壤保护相关的政策。然而，直到70年代后期，几起著名的场地污染事件才唤醒广大公众对土壤污染的认识，并为决策者敲响了警钟。尽管大多数施工承包单位通常不是有意为之，但其工程产生的后果直接导致人类接触了土壤中的致癌污染物。

1978 年洛夫运河灾难成为美国的全国性媒体事件。在美国纽约州尼亚加拉大瀑布附近的洛夫运河遗址，原垃圾填埋场旧址上建造了一所学校和住宅区。这意味着这些建筑物直接坐落于曾埋放成千上万吨危险化学废物的地点。美国国家环境保护局 USEPA 随后在该地发现了一些严重的健康问题，如孕妇流产和新生儿的出生缺陷。虽然最终很难证明土壤中污染物是造成上述问题的原因，但统计分析显示，居民和学校员工反复患病的状况与该地点的历史有直接关联。1980 年，该地进入紧急状态，700 户家庭被疏散。

1979 年，荷兰的 Lekkerlerk 场地也发生了一起臭名昭著的污染事件。一座住宅区建造在垃圾场旧址上，而该垃圾场中曾埋有来自油漆行业的化学废物。由于所在地块土壤中存在芳香族污染物，随着水管爆裂事件的发生也引发了恶性污染事件。该污染事件涉及致癌物苯，引起了公众的广泛关注。在该事件中，近 300 户家庭被疏散，1600 多桶有害化学品被清走，住宅区地下土壤被挖掘。Lekkerlerk 土壤污染事件使大众更加重视土壤污染问题。在该事件的促使下，1983 年荷兰发布了《土壤修复(暂行)法案》[2]，开始完善土壤修复的法律法规。

1973 年 3 月，日本东京为建造地铁买下江东区大岛九号，在挖掘过程中发现深埋在地下的日本化工厂废弃的六价铬矿渣。调查发现，该化工厂丢弃的含有六价铬的矿渣共 50 多万 t。该事件随即引起广泛重视，全国各地的环境厅开始调查各地的六价铬矿渣含量。最终调查报告显示，全国共有 112 处、75 万 t 六价铬矿渣未经妥善处理，六价铬土壤污染成为重大环境污染事件[3]。直至 2000 年，日本土壤污染事件仍接连不断发生，仅在 2000—2002 年由废弃物处理不当导致的土壤污染事件就高达 450 起[4]。

此外，石油污染也是土壤污染的主要原因之一。加拿大有超过 60%的土壤存在石油污染问题，这已成为加拿大最严重的土壤污染来源。荷兰登记的石油污染事件截至 2001 年已发生了 10 万次，英国有 1/3 左右的加油站和几乎所有的炼油厂均存在不能忽视的石油污染问题。美国在 20 世纪 80 年代就出现过严重的石油污染土壤问题。从 1984 年制定国家地下储油罐计划至 2008 年，已记录的石油泄漏事故约高达 40 万起[5]。2010 年，美国墨西哥湾的石油作业钻井平台发生爆炸，井喷历时 87d，石油泄漏量达到 77.9 万 m^3 左右，污染面积为 6500～180000km^2，是目前最高的石油污染纪录[6]。

3 国外土壤修复产业现状

3.1 国外土壤修复法律法规发展

关于污染土壤修复技术的研究始于 20 世纪 70 年代后期，在随后的 30 年，欧洲、美国、日本等国家和地区均制定了土壤修复计划，投入了大量研发资金用于土壤修复技术与设备的发展。各类修复技术的研发和现场修复工程经验的积累，以及土壤修复公司与相关组织的出现，推动了土壤修复产业的高速发展[7]。为规范土壤修复行业，相关法律法规也相继在各个国家和地区推出，并随着行业发展而不断完善。

3.1.1 荷兰

1980 年发生的 Lekkerlerk 土壤污染事件促成 1983 年《土壤修复(暂行)法案》的制定与颁布，该法案规定了全国统一的土壤修复后污染物浓度的最高限值。《土壤保护法》于 1987 年颁布并于 1994 年修订，其建立了基于风险的土壤环境标准值体系。2008 年颁布并于 2013 年再次修订的《土壤修复通令》，增加了包括调查监测、风险评估等土壤污染治理修复工作程序[8]。

3.1.2 德国

德国于 1998 年和 1999 年分别颁布了《联邦土壤保护法》和《联邦土壤保护和污染场地条例》，是将土壤保护和污染防治上升到法律层面的开端[8]。《联邦土壤保护法》的根本目标是消除影响土壤功能的有害作用，及时处理被污染的有害场地、减少或消除对土壤的污染。《联邦土壤保护和污染场地条例》是《联邦土壤保护法》的进一步细化和补充[9]。

3.1.3 美国

洛夫运河事件带来的惨痛教训让人们认识到对危险废物的不当处理会带来灭顶之灾。随意填埋的危险化学品就像慢性毒药一样侵蚀着人们生活的每个角落，威胁着公民健康与环境安全。1980 年美国国会通过了《综合环境反应、赔偿和责任认定法案》，该法案批准设立了污染场地管理与修复基金，即超级基金，这项法案也被称为《超级基金法》[10,11]。《超级基金法》是被纳入美国土壤污染防治法律体系的一部基本法。美国国会于 1996 年再次通过修订《超级基金法》的方案，并对相关责任方进行了额外规定。美国国会于 1997 年通过了《纳税人减税法》，该法是《综合环境反应、赔偿和责任认定法案》的配套法律。美国政府于 2001 年签署并通过了《棕色区域法》，即配套法规《小企业责任减免与棕色地带复兴法》[8]。

3.1.4 日本

20 世纪 50 年代以后，日本因追求快速的工业化发展，屡次发生环境污染事件。重金属污染和有机物污染事件推动了污染防治法律体系的建立。1970 年颁布了《农业用地土壤污染防治法》，2002 年颁布了《土壤污染对策法》《土壤污染对策法实施细则》。经多次修订补充，已建立了较为完善的土壤污染防治法体系[12]。

3.2 国外土壤污染常用修复技术

欧美等发达国家和地区的土壤修复产业趋于成熟，土壤修复产业在整个环保产业的占比超过50%。20世纪80年代以前，物理和化学技术是欧美国家最受青睐的土壤修复技术，主要采用挖掘填埋、固化/稳定化、化学萃取等方法处理污染土壤；20世纪80年代至21世纪初，除物理和化学方法外，还引入了生物法处理污染土壤，物理和化学方法也转变为化学淋洗、萃取和热脱附等技术；21世纪以来，越来越多地采用生物技术及复合技术处理方法，如植物修复、自然转移和衰减等[13]。随着技术的不断成熟，欧美国家逐渐采用一些物理化学、化学生物的混合修复技术，以达到高效低成本的处理效果。

美国在1982—2005年的土壤修复项目中，采用原位修复技术(48%)和异位修复技术(52%)的项目数量基本相同[13]。近年常使用的专利技术有：①异位固化/稳定化技术，可处理放射性物质、金属类、石棉、腐蚀性无机物、氰化物及砷化合物等无机物，石油、农药、除草剂或多环芳烃类、多氯联苯类及二噁英等有机化合物；②异位化学氧化/还原技术，氧化技术适用于处理石油烃、苯系物、酚类、含氯有机溶剂、多环芳烃、农药等大部分有机物，还原技术适用于处理重金属类和氯代有机物等；③异位热脱附技术，适用于处理挥发性有机污染物及半挥发性有机污染物和汞。英国多使用异位土壤淋洗技术和原位固化/稳定化技术。

通过对2000—2019年各国土壤与地下水修复技术专利热度的分析，结果显示：美国的专利技术主要集中在化学氧化、无机固体、细菌污染物、土壤修复和地形学；日本的热点技术主题主要集中在被污染、土壤稳定化、重金属、分解促进剂；韩国的技术主题主要集中在修复系统、土壤固化剂、净化系统、假单胞菌属、地面[14]。国外在传统土壤修复上的技术已基本成熟，近20年来绝大多数是对已有技术进行集成或完善。

4 我国土壤污染修复产业现状

4.1 我国土壤修复法律法规发展

我国土壤修复技术的发展起步较晚。20世纪90年代，我国制定了第一个环境质量标准，但21世纪以来，随着多起土壤污染危害事件的发生，土壤污染技术才逐渐引起关注[15]。2006年我国开展了全国土壤污染情况调查，随后陆续出台了与土壤污染相关的政策文件。2012年3月出台的“十二五”规划纲要说明了节能环保的战略性地位，而土壤修复是节能环保产业中不可或缺的一部分。2016年5月实施的《土壤污染防治行动计划》(简称《土十条》)为土壤修复事业提供了指导和具体目标，极大地促进了“十三五”期间我国土壤修复市场的快速发展[16]。《中华人民共和国土壤污染防治法》于 2019 年 1 月正式实施，该法作为我国首次制定的土壤污染防治法律，填补了立法上的空缺。2019 年 2 月和 6 月印发的《重点生态保护修复治理资金管理办法》和《土壤污染防治专项资金管理办法》，规范和加强了生态保护修复治理的基金管理，为土壤修复产业提供资金支持，极大地促进了我国生态环境及土壤质量的改善[17]。但受限于公众认知与参与度，土壤修复市场仍远小于水、大气等环境治理市场，需要进一步发展与完善。

4.2 我国土壤污染类型

我国土壤污染在区域上涉及西南、华中、华南、华东、华北、西北、东北七大区的各省区市，遍布城市、城郊、农村及自然环境[18]。我国土壤污染情况不容乐观，2014 年全国土壤污染状况调查公报显示，全国土壤环境较差，部分地区土壤污染较重，农用地环境质量差，工业用地化学污染严重。全国土壤总点位超标率为 16.1%，其中轻微污染点位比例为 11.2%、轻度污染点位为 2.3%、中度污染点位为 1.5%、重度污染点位为 1.1%[19]。尾矿和化工产业导致土壤环境中重金属如铬、铅等含量超标，严重影响人民的身体健康。农药滥用导致的有机污染物的作物残留、石油化工企业造成的油类污染等使得土壤污染修复不是单一的污染物去除，而是一项复杂的交叉项目[16,17]。

4.2.1 农用地的土壤污染

农用地的主要污染为化学肥料、农药及农用地膜所造成的白色污染。目前市面上常见的农药有有机氯、有机磷、氨基甲酸酯类及拟除虫菊酯类农药[20]。六六六、DDT 等持久性农药在 1987 年已经禁止使用，但目前在农田中依然能普遍检出[21]。农药和化肥的长期残余会导致土壤酸化、养分含量降低和土壤孔隙率下降，最终使土壤板结[22]。

4.2.2 工业搬迁造成的土壤污染

在城市化建设的进程中，出现了大批因工业企业搬迁而遗留的场地。城镇工业企业如金属冶炼、石油化工等企业原址受到挥发性有机物、重金属等多种物质的污染[21]。这些污染物制约着城市土地的再利用，并威胁着居民的身体健康。工业污染场地按污染物类型可划分为有机污染型场地、无机污染型场地、复合污染型场地。有机污染型场地的主要污染物为有机农药、苯系物、多环芳烃及石油类等；无机污染型场地主要是重金属污染；复合污染型场地主要是指污染场地中含有两种或两种以上的污染物质[23]。针对工业污染场地，目前的主要修复技术有固化/稳定化技术、蒸汽抽提技术、淋洗修复技术、热脱附技术等。

4.2.3 油田污染

油类污染物的组成复杂，有 C_{15}~C_{36}烷烃、烯烃、苯系物、多环芳烃、脂类等[22]。石油烃在土壤中存留时间长且难去除，还会破坏土壤结构和土壤中微生物的状态。目前石油污染土壤修复技术主要有物理技术、化学技术、生物技术及联合修复技术[23]。

4.2.4 矿区污染

采矿产生大量废石及矿石尾矿等固体废弃物，这些废弃物堆放裸露在地表，受风雨侵蚀及淋滤作用后使土壤中铬、镍、锌、镉等重金属元素显著升高。因此，采矿区土壤往往伴随着重金属污染、矿区土壤酸化、爆炸物污染等复合型环境问题[22]。矿区重金属的修复方法主要有工程物理化学法、农业化学调控法和生物修复法，其机理是通过改变被污染土壤重金属离子的形态来降低其毒性及生物可用性，或者直接采用某种工艺技术去除重金属，或者阻断其进入食物链[24]。

4.2.5 放射性核素污染

核电产业的发展是土壤中放射性核素含量增加的主要原因，核能源的开发和利用及核武器的试验不可避免地导致某些放射性核素如铀、钚、锶等进入环境中。放射性污染物不仅存在于土壤中，还会地面迁移，将污染物转移到附近土壤和地下水[21]中。土壤放射性修复工艺主要分为物理法修复、化学法修复、物理-化学混合修复和生物法修复[25]，根据土壤中放射性元素浓度的高低选取不同的修复工艺。

4.2.6 生物污染

未经处理的污水和污泥可能会使其中大量的细菌病原体和虫卵进入健康土壤。养殖厂未经无公害处理的禽畜尸体也会促使病原菌和病毒的滋生。致病性微生物侵入会破坏土壤的生态平衡，引起土壤质量下降[21]。

4.2.7 新型污染

药品和个人护理用品(PPCPs)产生的废弃物，是人类生活和生产中大量使用并具有一些潜在生态效应的新型化学物质，如抗生素、杀菌剂、消炎药等[26]。PPCPs 作为一种新型的污染物也在慢慢地对土壤环境造成破坏[21]。某些 PPCPs 由于具有生物积累效应，干扰生物内分泌系统，因此对生态系统和人体健康产生危害[27]。PPCPs 通过人类和动物的粪尿、污泥回用、医药类废水排放和填埋场管道渗漏等途径进入水中[28]。采用传统生物处理工艺的污水处理厂并不能有效去除污水中的 PPCPs，需经深度处理工艺才能有效抑制其排入水中[29]。

5 工业污染场地修复技术及发展趋势

目前，针对工业污染场地工程化应用的主要土壤修复技术包括工程修复、物理修复、化学修复、生物修复、联合修复。研究发现，土壤修复技术在国际上有以下发展趋势：从修复形式上，大型异位修复模式将转变为对环境扰动较小的原位模式；从技术角度上，单一的修复技术将转变为多技术联合的修复技术；从设备角度上，固定式设备的异位修复将转变为基于移动式设备化的快速修复；从应用角度上，场地从单一厂址将转变为特大场地，从单向修复技术转变为大气、水体同步监测的多种技术设备协同的土壤-地下水一体化修复[13]。尽管目前生物修复、植物修复、生物降解、生物炭等方法已成为国内外研究热点，生物修复技术的应用比例在美国也逐年上升[30]，但工程修复、物理修复仍占主导地位。我国土壤污染修复行业仍处于起步阶段，以工业污染场地的治理为主。这些项目普遍工期短、污染重、污染物成分复杂、修复标准高，主流技术仍是见效快的固化/稳定化、热脱附和化学氧化三大修复技术，对于复杂体系大多采用耦合技术。《土壤与地下水修复行业 2019 年发展报告》显示，工业污染场地相对较复杂，复合型污染场地占比达到 48.2%，接近 1/2 的污染场地需要多种修复技术联合处理[20]。

随着我国经济发展及环境质量标准的不断提高，对污染土壤治理的需求将越来越大。针对我国土壤污染特征，特别是工业场地高污染的特点，物理和化学处理在现阶段仍将处于主导地位。本书后续章节将梳理工业污染场地污染特征，以及修复技术的技术原理、影响因素及优缺点；并详细介绍土壤淋洗和热脱附这两种相对成熟且高效的土壤修复技术，探讨其应用背景、技术分类、技术装备与工程案例；最后，讨论分析基于上述两种技术的耦合修复处理体系，积极探索节能减排方式，逐步探索与低碳低能耗技术的联合方式，未来朝原位绿色修复技术方向发展，逐渐形成适合中国土壤情况的修复技术。

参 考 文 献

[1] SWARTJES F A. Dealing with contaminated sites [M]. New York, USA: Springer, 2011.

[2] 王国庆. 荷兰土壤/场地污染治理经验[J]. 世界环境，2016(4)：25-26.

[3] 罗丽. 日本土壤环境保护立法研究[J]. 上海大学学报(社会科学版)，2013，30(2)：96-108.

[4] 刘田原. 粤港澳大湾区土壤污染治理的现实考察与优化进路——兼议美国和日本土壤污染的治理经验[J]. 地方治理研究，2021(1)：35-53，79.

[5] 魏样. 土壤石油污染的危害及现状分析[J]. 中国资源综合利用，2020，38(4)：120-122.

[6] 杜卫东，万云洋，钟宁宁，等. 土壤和沉积物石油污染现状[J]. 武汉大学学报(理学版)，

2011，57(4)：311-322.
[7] 骆永明．污染土壤修复技术研究现状与趋势[J]．化学进展，2009，21(增刊1)：558-565.
[8] 齐云伟，刘碧函，郭莉．土壤污染防治法律制度研究[J]．法制博览，2018(28)：8-10.
[9] 贾建丽，于妍，薛南冬．污染场地修复风险评价与控制[M]．北京：化学工业出版社，2015.
[10] 谷庆宝，颜增光，周友亚，等．美国超级基金制度及其污染场地环境管理[J]．环境科学研究，2007，20(5)：84-88.
[11] 赵宇红．危险废物污染土壤的治理——美国立法给我们的启示[J]．科技与法律，2003(2)：63-68.
[12] 邱秋．日本、韩国的土壤污染防治法及其对我国的借鉴[J]．生态与农村环境学报，2008，24(1)：83-87.
[13] 杨勇，何艳明，栾景丽，等．国际污染场地土壤修复技术综合分析[J]．环境科学与技术，2012，35(10)：92-98.
[14] 全国土壤与地下水修复技术专利热度分析报告(2000—2019)编写组．土壤与地下水修复技术专利热度分析报告[M]．北京：中国环境出版集团，2021.
[15] 王博．石油烃污染土壤间接热脱附关键影响因素研究[D]．杭州：浙江大学，2021.
[16] 徐国风，张振师，张乃畅．我国土壤修复产业的发展现状及思考[C]//中国环境科学学会2020科学技术年会．南京，2020.
[17] 土壤与地下水修复行业2019年发展报告[C]//中国环境保护产业发展报告，2020.
[18] 骆永明，滕应．我国土壤污染的区域差异与分区治理修复策略[J]．中国科学院院刊，2018，33(2)：145-152.
[19] 环境保护部，国土资源部．全国土壤污染状况调查公报[J]．国土资源通讯，2014(8)：26-29.
[20] 王迎菲，张迎，赵梓彤，等．环境中残余农药降解行为的研究[J]．云南化工，2020，47(8)：34-36，40.
[21] 骆永明．中国土壤环境污染态势及预防、控制和修复策略[J]．环境污染与防治，2009，31(12)：27-31.
[22] 李志明，吉庆勋，杨曼丽，等．我国农田土壤污染现状及防治对策[J]．河南农业，2019(23)：46-49.
[23] 朱静．某工业企业搬迁遗留地场地修复及环境管理相关问题[J]．环境与发展，2019，31(12)：44-46.
[24] 叶晟，赵静．矿区土壤重金属污染生态修复综述[J]．区域治理，2020(3)：120-122.
[25] 杨云波，李永玲．土壤放射性污染来源及修复工艺综述[J]．区域治理，2020(2)：162-164.
[26] 潘寻，苏都，宋光明，等．围场县农田典型药物和个人护理品污染特征与生态风险预评价[J]．生态毒理学报，2017，12(5)：184-192.
[27] RICHARDSON，S D，TERNES，T A. Water analysis：emerging contaminants and current issues[J]. Analytical Chemistry，2022，94：382-416.

[28] PAIGA P, SANTOS L H M L M, DELERUE-MATOS C. Development of a multi-residue method for the determination of human and veterinary pharmaceuticals and some of their metabolites in aqueous environmental matrices by SPE-UHPLC-MS/MS[J]. Journal of Pharmaceutical and Biomedical Analysis, 2017, 135: 75-86.

[29] 汪琪，张梦佳，陈洪斌. 水环境中药物类 PPCPs 的赋存及处理技术进展[J]. 净水技术，2020，39(1)：43-51.

[30] USEPA. Office of land and emergency management superfund remedy report[M]. 16th edition, July 2020.

第2章　土壤中的污染物

1　土壤污染的定义与特点

1.1　土壤污染的定义

土壤污染是指污染物通过多种途径进入土壤，通过土壤对污染物的物理吸附、化学沉淀、生物吸收等一系列作用，使其在土壤中不断积累。当其数量和积累速度超过土壤自净能力，将导致土壤的组成、结构和功能发生变化，微生物活动受到抑制，有害物质或其分解产物在土壤中逐渐积累，通过“土壤—植物—人体”，或者通过“土壤—水—人体”间接被人体吸收，危害人体健康[1]。

1.2　土壤污染的特点

（1）隐蔽性和滞后性。土壤是一个复杂的三相共存体系，各种有害物质与土壤颗粒相结合，一些为土壤中的生物所分解或吸收，从而改变其原本形态而隐藏在土壤中，或者自土体排出且不被发现。当土壤将有害物质输送给农作物，再通过食物链损害人畜健康时，土壤本身可能还继续保持其生产能力，这充分体现了土壤污染的隐蔽性和滞后性。

（2）累积性。土壤本身对污染物进行吸附、固定，也包括植物吸收，从而使污染物聚集于土壤中。土壤污染物中多数是无机污染物，特别是重金属和放射性元素，它们都能与土壤有机质和矿物质结合，长久地存在于土壤中。与在大气和水体中相比，污染物更难在土壤中迁移、扩散和稀释。因此，污染物容易在土壤中不断累积。

（3）不均匀性。土壤性质差异较大，而且污染物在土壤中迁移较慢，导致土壤中污染物分布不均匀，空间变异性较大。

（4）难可逆性。由于重金属难以降解，导致重金属对土壤污染基本上是一个不可完全逆转的过程。另外，土壤中许多有机污染物也需要较长时间才能降解。

（5）治理艰巨性。土壤污染一旦发生，仅仅依靠切断污染源的方法很难使土壤恢复到原状态，必须采取各种有效的治理技术才能解决问题。总的来说，治理土壤污染成本高、周期长、难度大。

2　土壤中的污染物

土壤中的污染物根据性质可分为无机污染物和有机污染物两大类。无机污染物中出现频率最高且危害最大的是重金属及类重金属，如镉(Cd)、汞(Hg)、铬(Cr)、铅(Pb)、砷(As)等具有显著生物毒性的元素，以及锌(Zn)、镍(Ni)、铜(Cu)、锰(Mn)等具有一定毒性的元素。它们主要来自工矿企业排放的废水、废气、废渣，以及农药的使用。一些矿山在开采过程中将废石和尾矿任意堆放，致使尾矿中的重金属进入土壤；化学工业、金属冶炼加工业、非金属矿物加工业、有色金属冶炼、电力行业等会产生含有重金属的废渣，处理不当也会造成土壤污染。有机物主要为石油类污染物和持久性有机物，如多环芳烃、多杂环烃、多氯联苯等农药残体及其代谢产物。石油烃一般在石油生产、储运、炼制、加工及使用过程中由于事故或不正确操作等原因，对环境溢出和排放，对土壤造成污染。人工合成有机农药的生产和使用是造成持久性有机物残留在土壤中的重要原因。随着人类化学品的使用，目前还有一些新兴有机污染物引起广泛关注，如抗生素、微塑料等。

2.1　重金属及类重金属污染物

2.1.1　镉

镉(Cd)是动植物体内一种非必需的微量元素。在植物中，Cd的毒性会降低营养物质和水分的吸收和转运，增加氧化损伤，扰乱植物代谢，抑制植物的形态和生理功能。对人类，Cd同样具有高度毒性，低浓度时具有致癌性。矿物质中的Cd与钙(Ca)具有相同的电荷、相似的离子半径和化学行为，因此，它能取代Ca，从而很容易地转移到人体内并大量地储存在各个器官中。Cd会影响人体的多个器官，但主要积聚在肾脏并对其造成严重损害。此外，其毒性还会对肝脏和骨骼造成严重损害，减少人体对Ca的吸收[2]。

在大多数土壤溶液中，Cd主要以Cd^{2+}、$CdCl^{+}$、$CdSO_4$形态存在。土壤中的Cd有多种存在形态，其中可交换态是生物有效态，铁锰氧化物结合态、碳酸盐结合态和有机结合态为潜在生物有效态，残渣态为非生物有效态。对土壤中Cd形态影响最大的因素是pH值，其次是氧化还原电位。随着土壤pH值降低，氧化还原电位升高，土壤中潜在生物有效态的Cd会转化成更简单的可交换态，更容易被生物利用[1,3]。

Cd在土壤中的分布集中于土壤表层，一般在0~15cm，15cm以下含量明显减少。工业用地周围土壤Cd含量为40~50mg/kg，主要集中在土壤表层并可能随工业废水下渗到土壤0~15cm处被土壤吸附。通过对来自我国不同省份的15个土壤样品中 Cd 的形态分析发现，各形态平均含量顺序为可交换态>碳酸盐结合态>铁锰氧化物结合态>有机结合态；其中 60%的土样中 Cd 的赋存形态以可交换态比例最高，其余的以碳酸盐结合态和残渣态比例较高[1,4]。

Cd 进入土壤后首先被土壤所吸附，进而可转变为其他状态。通常土壤对 Cd 的吸附力越强，Cd 的可迁移能力就越弱。土壤 pH 值降低和氧化还原电位、离子强度升高均会使 Cd 溶解度增加，使土壤对 Cd 的吸附量减少。有机质对 Cd 的吸附量影响存在双重效应，其中配位效应促进吸附，pH 值提高效应抑制吸附，最终吸附结果取决于两效应的平衡[1]。

2.1.2 汞

汞(Hg)及其化合物均会对人类健康带来严重损害。它是一种神经毒素和免疫毒素，被世界卫生组织(WHO)列为对公众健康威胁最大的十大化学品之一。一般而言，金属汞毒性大于化合汞，有机汞毒性大于无机汞，甲基汞在烷基汞中毒性最大。无机汞能抑制体内酶的活性，破坏细胞正常代谢，从而影响机体的各种功能。有机汞可导致神经和心血管疾病。甲基汞对脑功能有很大的负面影响，其毒性可在食物链中积累和生物化；它可通过胎盘转移到胎儿体内，孕妇过量摄入会影响新生儿的智力；慢性汞中毒患者停止接触甲基汞 30 年后，仍会感觉到四肢末端和嘴唇异常[1,5]。

土壤中的 Hg 以无机汞和有机汞的形式存在，包括金属汞(Hg^0)、亚汞离子(Hg_2^{2+})、二价汞离子(Hg^{2+})及其烷基化合物。在这些 Hg 的种类中，常见的 Hg 化合物主要有硫化汞、氯化汞、氧化汞、甲基汞、乙基汞和苯基汞。甲基汞是微生物活动的重要代谢物，在缺氧和低氧条件下，无机汞通过硫酸盐还原菌和铁还原菌的作用转化为甲基汞。还有学者将土壤中的 Hg 根据操作分为 8 种形态：水溶态、氧化钙提取态、富啡酸结合态、胡敏酸结合态、碳酸盐结合态、铁锰氧化物结合态、强有机结合态和残渣态[1,5]。

土壤中 Hg 浓度为 0.01～10mg/kg，具体取决于场地的污染水平。工业场地的 Hg 污染问题尤其严重，污染土壤中 Hg 含量可高达 2456mg/kg。不同形态 Hg 在土壤中的含量顺序为残渣态(81.74%)>强有机结合态(12.89%)>胡敏酸结合态(3.20%)>铁锰氧化物结合态(1.72%)>碳酸盐结合态(0.19%)>富啡酸结合态(0.15%)>水溶态(0.11%)。贵州省万山汞矿区周围土壤的表层土中 Hg 含量在东部区域普遍较高，西部区域相对较低，并呈随污染源距离增加而逐渐降低的趋势，剖面土壤中的 Hg 则表现出明显的表层富集规律，Hg 的最大值出现在上层土中(0～40cm)，当土壤深度大于 80cm 时，Hg 含量呈大幅度降低趋势[1,6,7]。

土壤的物理和化学参数，包括 pH 值、氧化还原电位、有机质含量、土壤种类等，都可能影响 Hg 在其中的迁移与转化。较低的 pH 值有利于汞化合物溶解，因而其生物有效性较高；在偏碱性条件下，Hg 溶解度降低，在原地累积；但当 pH>8 时，因 Hg^{2+}可与 OH^-形成络合物，溶解度反而升高。在氧化条件下，Hg 的二价化合物多为难溶物，在土壤中稳定存在；在还原条件下，Hg 以单质形态存在；若在含有 H_2S 的还原条件下，将生成极难溶的 HgS 而残留于土壤中；在氧气充足时，HgS 又可氧化成可溶性硫酸盐，并通过生物作用形成甲基汞被植物吸收。土壤有机质含有较多的吸附点位，可固定 Hg，降低其迁移率和生物有效性；但不稳定的有机质既会促进微生物的汞甲基化作用，又会使 Hg 从土壤中解吸形成水溶性络合物，提高其迁移率和生物有效性。此外，铁氧化物和黏土矿物对 Hg 也有吸附作用[1,8]。

2.1.3 铬

铬(Cr)是一种特殊的重金属，它的特性是其行为依赖于价态。Cr(0)和 Cr(Ⅲ)是重要的微量元素，而 Cr(Ⅵ)则对生物有害。对植物来说，适宜浓度的 Cr(Ⅲ)能促进其生长并提高生产力，而高浓度的 Cr(Ⅲ)可能对其生长发育有抑制作用；Cr(Ⅵ)毒性很强，会抑制植物的各种形态、生理和代谢活动，甚至可能导致植物的完全破坏。Cr 对人类也有类似的作用。Cr(Ⅲ)是人体必需的一种微量元素，在葡萄糖和脂肪代谢中起重要作用，并对抑制肥胖和 2 型糖尿病有有益作用，但长期接触也可能导致皮肤过敏和癌症；Cr(Ⅵ)是一种致癌物，可能导致肺癌、皮炎、肾脏和胃肠道损伤，以及呼吸道和眼睛疾病的恶化[9-11]。

在土壤中，铬以 Cr(Ⅲ)和 Cr(Ⅵ)两种氧化态存在。Cr(Ⅲ)在酸性条件下有轻微的流动性，在 pH 值为 5.5 时完全沉淀，因此在土壤中非常稳定，常以 Cr^{3+}、CrO_2^-形式存在。由于 Cr(Ⅵ)在酸性和碱性土壤中具有很高的流动性，因此在土壤中不稳定，常以 $Cr_2O_7^{2-}$ 和 CrO_4^{2-} 形式存在。土壤中的铬存在于各种形态中，包括可交换态、碳酸盐结合态、可氧化态、可还原态和残渣态。其中，可交换态铬和碳酸盐结合态铬具有生物可利用性，可氧化态和可还原态铬具有潜在的流动性，残渣态铬不能被生物利用[1,12,13]。

一般来说，未污染土壤中的铬具有地质成因，它在干燥土壤中的浓度为 10~50mg/kg。然而，频繁的工农业活动将大量铬引入土壤，导致土壤中铬浓度可高达数千 mg/kg。土壤中铬多为难溶性化合物，其迁移能力一般较弱，主要残留积累在土壤表层。在垂直分布上，0~60cm 土层中铬含量较低；60~160cm 土层中铬含量较高，土壤中 Cr 含量随着土层深度的增加而增加，在土壤剖面呈上低下高的分布趋势。在对杭州铬渣污染土壤的调查中发现，各形态铬的百分含量大小顺序为残渣态>铁锰氧化物结合态>有机结合态>碳酸盐结合态>水溶态>交换态[1,13]。

铬的迁移转化很容易受到土壤化学性质的影响。铬对土壤氧化还原电位极为敏感，其氧化还原转化可在好氧或厌氧条件下发生。在有氧环境($E_h>350mV$)中，Cr(Ⅵ)是铬的主要形式，并以$HCrO_4^-$、$Cr_2O_7^{2-}$和CrO_4^{2-}三种化合物的形式存在，它们具有很高的生物利用度、溶解度，以及在水系统中迁移的倾向；在低氧环境($350mV>E_h>100mV$)中，Cr(Ⅵ)是铬的主要形式，并以CrO_4^{2-}存在，但当pH>6.0时，随着pH值降低，它会转化为Cr(Ⅲ)，并以Cr^{3+}、$Cr(OH)_2^+$和$Cr(OH)^{2+}$的形式存在；在厌氧环境($E_h<100mV$)中，有毒的Cr(Ⅵ)倾向于转化为毒性较低的Cr(Ⅲ)，以Cr^{3+}、$Cr(OH)_2^+$、$Cr(OH)^{2+}$、$Cr(OH)_3$和$Cr(OH)_4^-$的形式存在，这些化合物可以很容易地与氢氧化物、氧气和硫酸盐结合形成不溶性螯合物，或者被铁锰氧化物、有机质和土壤胶体吸收，形成生物利用度低的沉淀物。土壤pH值决定了铬在土壤溶液中的化学形态，并控制铬在土壤中的溶解、吸附和解吸之间的平衡。降低土壤pH值会促进Cr(Ⅲ)的迁移和释放，而提高土壤pH值可能会促进土壤中Cr(Ⅵ)的形成；在pH值为3时，土壤矿物颗粒对Cr(Ⅵ)的吸附量更大(64%)，而随着pH值从3增加到6，这种吸附效果显著降低。因此，pH值升高会促进Cr(Ⅲ)释放和Cr(Ⅵ)产生，对农业系统和人类健康构成威胁。土壤有机质主要通过吸附、直接和间接还原控制土壤中铬的生物有效性和形态。土壤有机质使Cr(Ⅵ)迅速还原成Cr(Ⅲ)，且其含量越高，Cr(Ⅵ)还原速率越快；有机酸会显著提高土壤溶液中Cr(Ⅲ)浓度，并降低土壤矿物对它的吸附和沉淀作用。铁氧化物主要对环境中的铬起还原和吸附作用；锰氧化物比铁氧化物具有更大的比表面积和吸附能力，是仅次于氧气的最强天然环境氧化剂[1,13]。

2.1.4 铅

铅(Pb)是仅次于砷的毒性第二大的重金属，它既能以有机形式存在，也能以无机形式存在。这两种形式的铅均具有毒性，但有机铅络合物对生物系统的毒性大于无机铅。对植物而言，铅的毒性会使其从萌发到产量形成受到一系列损害。而在人体内，铅主要通过红细胞运输到不同组织中(99%)，它会结合在血红蛋白上，导致贫血；大多数铅(90%)储存在骨骼中，会使骨骼和牙齿矿化；铅还会引起肝脏损伤，影响肾脏、神经系统、心血管系统和生殖系统。儿童是对铅最敏感的人群，铅对他们的毒害作用更大[14,15]。

铅在土壤中经常以离子铅、氧化物和氢氧化物以及铅-金属氧阴离子络合物的形式被检测到。磷酸盐、碳酸盐(在pH值高于6时)、氢氧化物/氧化物、硫化物和磷氯铅矿是最稳定和不溶的一些形态。土壤环境中的铅通常以二价难溶性化合物存在，而水溶性铅含量较低。目前，一般将土壤铅分为水溶态、可交换态、碳酸盐结合态、铁锰氧化物结合态、有机质硫化物结合态及残渣态。其中可交换态和水溶态是植物吸收铅的主要形态，碳酸盐结合态及铁锰氧化物结合态可依据不同土壤性质视其为相对活动态或紧密结合态[1,16]。

由于母岩的风化成土过程，铅在土壤中以微量水平自然存在(<1000mg/kg)，但几乎没有毒性。导致环境中铅含量在过去几年增加1000多倍的原因主要是人为因素。铅在土壤剖面中很少向下迁移，多滞留于0~15cm表土中，随着土壤剖面深度增加，铅含量逐渐下降。土壤中铅含量与土壤性质有关，酸性土壤一般比碱性土壤的铅含量低。通过对我国10个主要自然土壤样本中的铅进行形态分析，发现均以铁锰氧化物结合态最高，其次是有机质硫化物结合态和碳酸盐结合态，可交换态和水溶态最低[1,17]。

土壤中铅的行为(生物利用度、流动性和溶解度)受不同生物地球化学因素复杂相互作用的控制。土壤pH值是控制铅有效性的最重要因素。铅的溶解度和土壤pH值呈负相关，在酸性土壤(pH<7)中，铅以$Pb(H_2O_6)^{2+}$水溶液的形式存在，而在碱性土壤(pH>7)中，铅与OH^-(羟基离子)形成含水络合物；铅的专性吸附与土壤pH值成正比，当土壤pH值较低(3~5)时，以吸附为主，而pH值较高(6~7)时，以沉淀为主。一般而言，土壤pH值增加，铅的溶解度和流动性降低，生物有效性也随之降低。氧化还原电位控制土壤中铅的动力过程，铅的溶解度随着土壤氧化还原电位的降低而增加。一般来说，它很容易溶解在淹水的土壤中。此外，黏土可通过离子交换和专性吸附机制吸附铅离子，铁锰氧化物对铅具有高亲和力，土壤有机质会与铅相互作用形成络合物，这些都会限制铅在土壤中的流动性，降低其生物利用性[14]。

2.1.5 砷

砷(As)是一种天然的致癌物，会对植物、动物和人类造成毒性。砷的毒性主要取决于其形态，无机砷的毒性比有机砷大得多。无机砷化合物(包括亚砷酸盐和砷酸盐)可能导致人类包括肺、皮肤、膀胱等许多器官的癌症。因为在生物体内，As(Ⅴ)主要以自由形式存在，能以游离形式排泄出去，而As(Ⅲ)可以与蛋白质结合，被储存起来，所以在无机砷的两种形式中，As(Ⅲ)比As(Ⅴ)毒性更大[18-20]。

在土壤环境中，砷能以无机和有机形式存在，但以无机态为主。砷最主要的有机形态是二甲基砷酸(DMA)和单甲基砷酸(MMA)；无机形态是As(Ⅴ)和As(Ⅲ)，又以As(Ⅴ)为主。无机砷可通过土壤中的生物甲基化过程转化为有机形态。砷的毒性排列顺序为As(Ⅲ)>As(Ⅴ)>MMA>DMA。生物利用度排列顺序为DMA<As(Ⅴ)<MMA<As(Ⅲ)。砷进入土壤后，一小部分留在土壤溶液中，一部分吸附在土壤胶体上，大部分转化为复杂的难溶性砷化物，因此土壤中的砷又可分为水溶性砷、吸附性砷、难溶性砷。前两者可总称为有效态砷；难溶性砷又分

为铝型砷、铁型砷、钙型砷和闭蓄型砷，其中铝型砷和铁型砷的毒性小于钙型砷[1,21]。

砷是地壳中第20位丰富的元素，土壤中的背景砷浓度为5~10mg/kg。而由于人类活动，土壤中的砷浓度范围很广，从几μg/kg到250000mg/kg。砷大部分积累在土层表面，但是随着作物生长，条件的变化以及人为耕翻，土层也可发生向剖面下部迁移。酸性土壤中以铁型砷占优势，碱性土壤以钙型砷占优势；水溶性砷含量很低，一般小于总砷的5%[1,18]。

pH值、氧化还原电位、金属氧化物、有机物和微生物活动等环境变量均在土壤中砷的迁移和转化中发挥着重要作用。As(Ⅴ)和As(Ⅲ)溶解度均随着土壤pH值的增加而增加，当土壤由酸性变为中性或碱性时，As(Ⅲ)的迁移能力变得更强；土壤pH值还影响土壤带正电胶体对砷的吸附，当pH值降低时，土壤胶体正电荷增加，对砷的吸附能力加强。氧化还原电位控制土壤中As(Ⅴ)和As(Ⅲ)间的转化平衡，土壤在氧化条件时，以As(Ⅴ)为主，易被交换吸附，增加土壤的固砷量；在淹水还原条件下，土壤As(Ⅴ)逐渐转化为As(Ⅲ)，水溶性砷含量增加，生物有效性也随之增加。一方面，土壤有机质可与砷形成络合物，增加其吸附量，并降低其溶解度与生物有效性；另一方面，土壤有机质会促进微生物活动，导致还原条件，从而增加砷的流动性和生物有效性。金属氧化物对砷有吸附能力，因此土壤中的金属氧化物越多，吸附砷的能力越强。此外，矿物质尤其是磷酸盐，会与砷竞争土壤中的吸附位点，使砷解吸，增加其生物有效性[1,22]。

2.1.6 锌

锌(Zn)是植物生长的重要元素，在许多代谢途径中发挥重要作用，但过量的Zn会对植物产生毒害作用，导致植物发生结构和功能异常，最终削弱植物的表现。Zn也是人体必需的一种微量元素，在基因表达、酶反应、蛋白质合成、学习、记忆和免疫功能等方面起重要作用。然而，近年来氧化锌纳米材料由于具有众多优良特性，被广泛应用于各种领域，从而大量进入环境中，严重威胁人类健康。已有大量研究表明，氧化锌纳米颗粒具有肝毒性、肺毒性、神经毒性和免疫毒性[23-25]。

Zn在土壤中的存在形态包括Zn^{2+}、$ZnOH^{+}$、$Zn(OH)_2$、$ZnCO_3$和ZnS等。Zn被释放到土壤中后，一小部分以水溶性阳离子的形式留在土壤溶液中，并选择性地与有机物结合，另一部分以可交换的形式吸附于黏土胶体、腐殖质以及铝铁氢氧化物上，其余的则以不溶性复合物或矿物质的形式存在。土壤溶液中的Zn主要代表其生物有效性，而Zn^{2+}在其中占主导地位[26-28]。

Zn天然存在于地壳中，在全球不同地区，未施肥和未受污染土壤的Zn含量在10~300mg/kg的范围内变化。其中生物有效态Zn通常占比非常低，可交换态

Zn 含量在 0.1～2mg/kg，水溶态 Zn 含量在 0.0000004～0.004mg/kg。然而，冶炼、采矿等人类活动提高了土壤中 Zn 含量，在受污染的农田中，土壤中总 Zn 含量超过 3000mg/kg。人为施用的 Zn 主要存在于表层土壤，且可能比自然沉积的 Zn 更具生物利用性。有研究表明，施用 Zn 60d 后仍有高达 69%～90%以可交换态存在[23,28]。

Zn 在土壤中的迁移与转化取决于土壤质地、pH 值、土壤锌含量以及铁镁等竞争阳离子的存在。Zn 的生物有效性因土壤类型的不同而不同，对于黏土组分来说，Zn 的生物有效性起着至关重要的作用。Zn 并非均匀地吸附在所有黏土矿物上。一般来说，黏土含量较高、P 和 Mn 浓度较低、铁铝氧化物含量较高以及有机质含量较高的土壤有助于增加 Zn 的吸附，从而降低其迁移率和生物有效性。土壤 pH 值与 Zn 的生物有效性呈负相关，增加土壤 pH 值通常会增加土壤对 Zn 的吸附。在高 pH 值(>8.0)下，土壤中的 Zn 主要与有机质和黏土结合；当土壤 pH 值降低到 7 以下时，可交换态锌含量增加，并且通常以水合 Zn^{2+} 的形式存在[28]。

2.1.7 镍

镍(Ni)是微生物、动物和植物都需要的一种微量营养素，也是具有双重作用(致毒性和必要性)的一种物质。Ni 在植物的多种生物机制中发挥作用，特别是在植物抗毒素的合成中，缺乏 Ni 会使植物生长不良甚至死亡；浓度过高的 Ni 同样对植物生长有不利影响。对人类而言，Ni 作为微量元素的作用尚未得到认识。Ni 是一种免疫毒性物质和致癌物，当其被吸入或从环境中摄入时，会对包括肺、肝、肾和大脑在内的各个器官产生多种毒性作用[29,30]。

Ni 能以多种氧化态(+1、+2、+3、+4)出现，但只有 Ni(Ⅱ)在发现的各种土壤环境中是稳定的。在土壤溶液中，Ni 通常以镍离子(Ni^{2+})和$[Ni(H_2O)_6]^{2+}$形式存在，Ni 可以与有机/无机配体或悬浮矿物胶体形成配合物。有机配合物通常是其中最主要的形态。Ni 存在于各种地球化学形态中，如可溶态、可交换态、碳酸盐结合态、铁锰氧化物结合态、有机结合态和残渣态。在这些形态中，可溶态、可交换态和一些易迁移形态的 Ni 具有生物利用性。如果土壤条件发生变化，包括非残渣态(碳酸盐结合态、铁锰氧化物结合态和有机结合态)在内的潜在可移动态也具有潜在的生物利用性[27,29,30]。

Ni 组成近 3%的地壳，因此 Ni 在土壤中的含量依赖于其在土壤母质中的含量。未受污染土壤中总镍含量在 13～40mg/kg。Ni 在土壤剖面中均匀分布，但由于工业废物和农业活动的沉积，其在土壤表面的浓度通常很高。据记录，金属冶炼厂附近土壤中 Ni 含量可达到 24000mg/kg。残渣态 Ni 通常在土壤中占主导地位，而在非残渣态 Ni 中，则以铁锰氧化物结合态为主。在许多研究中，这两种形态的 Ni 约占土壤总镍的 83%。可溶态镍和可交换态镍所占的比例通常最小(约为 2%)，因此 Ni 在土壤中的流动性和生物有效性很低[31-33]。

Ni 的迁移和转化受土壤中黏土类型和含量、有机质含量和土壤 pH 值等多种因素的控制，并受土壤氧化还原电位、铁锰氧化物含量的间接影响。影响 Ni 在土壤中行为的最重要因素是 pH 值。在低 pH 值下，Ni 以 Ni^{2+} 的形式出现，而在中性以上 pH 值下，Ni 沉淀为稳定的 $Ni(OH)_2$。因此，Ni 在土壤系统中的迁移率随着 pH 值的降低而增加。由于 Ni 与有机物之间有较高的亲和力，其迁移率也受土壤有机质含量和组成的影响。一方面，有机分子可以与 Ni 反应产生流动性较差的 Ni 形态，因此 Ni 与有机配体的结合可能会降低其流动性；另一方面，富里酸和胡敏酸等有机酸具有较高的螯合能力，因此在富有机质的土壤中它们的存在可能会增加 Ni 的迁移率。Ni 在土壤中响应氧化还原条件变化时会产生不同的行为。通常情况下，Ni 的迁移率在还原条件下会增加；而在低 pH 值条件下，Ni 的迁移率在氧化条件下也会增加。Ni 还可与黏土矿物发生共沉淀，或者与铁锰氧化物发生吸附/络合[27,31,34]。

2.1.8 铜

铜(Cu)是植物正常生长和发育所必需的矿物质营养素，涉及许多形态、生理和生化过程。但在超过最佳浓度时，Cu 会通过抑制各种生理和生化过程而产生有害影响，最终导致植物的生长衰退和产量下降。Cu 也是人体所必需的一种微量元素，在许多生理过程中发挥重要作用，如皮肤色素沉着、髓鞘形成、铁稳态、氧代谢和神经递质的合成。它主要积聚在肝脏和大脑。过量的 Cu 可能会导致神经退行性疾病，如威尔逊氏病[35,36]。

在自然土壤中，Cu 以残渣态、有机结合态和氧化物结合态为主。Cu 有多种存在形态，如铜氧化物(包括 Cu^{+} 和 Cu^{2+})、碳酸盐、磺酸盐、硫化物和天然铜，主要位于初级矿物和次级矿物的晶格中。土壤中大部分无机铜(约 80%)以氧化物和硫化物的形式存在，它们的溶解度和生物有效性均很低；约 20%的 Cu 以羟基和碳酸盐的形式存在，生物有效性高[1,36,37]。

Cu 是地壳中第 25 位最丰富的成分，在自然条件下，土壤中其平均浓度为 6~80mg/kg。由于人为活动，特别是工农业活动，许多地方土壤中 Cu 浓度急剧增加，达到 11~10000mg/kg，成为一种重要的土壤污染物。Cu 由于密度高，在土壤中的流动性较差，因此主要倾向于在表土中积累[36,37]。

Cu 在土壤中的迁移和转化会受多种因素影响，其中土壤 pH 值和有机质含量的影响很大。在土壤中，Cu 的稳定性强烈依赖于 pH 值，其迁移率随着土壤 pH 值的降低而增加；土壤中 Cu 的形态也取决于土壤的 pH 值，在 $pH<9$ 时，Cu 的主要形式是 Cu^{2+}，而在 $pH>6.9$ 时，$Cu(OH)_2$ 为主要形式。由于土壤有机质对

Cu 具有高亲和力，在有机质含量较高的情况下，土壤 pH 值的影响会减弱。在土壤中，有机质与 Cu 会形成非常强的络合物，90%以上的土壤总铜以有机结合态铜形式存在，因此，一般认为土壤中高生物有效性的 Cu^{2+} 的存在与土壤有机质含量呈负相关，增加有机质含量可降低土壤中 Cu 的生物有效性和迁移率[37,38]。

2.1.9 锰

锰(Mn)是几乎所有生物体必不可少的元素。在植物中，Mn 是其生长和繁殖必需的 17 种元素之一，在光合作用、呼吸作用、活性氧清除、病原体防御和激素信号传导等生命周期的不同过程中发挥作用；Mn 过量时反而会对植物有害，破坏其细胞中的各种生理过程，最终抑制植物生长。对人类而言，Mn 是多种酶的辅助因子，但与其他必需微量营养素相比，人体中很少出现锰缺乏症，Mn 中毒发生的现象更加频繁。过度接触 Mn 会导致肝硬化、红细胞增多症、肌张力障碍和帕金森病症状[39,40]。

在土壤中，Mn 以多种氧化态存在，包括 Mn(Ⅱ)、Mn(Ⅲ)、Mn(Ⅳ)、Mn(Ⅵ)和 Mn(Ⅶ)，但主要以二价、三价、四价存在，并保持平衡。其中，Mn(Ⅱ)是土壤中最易溶解，也是最具生物有效性的形式，因此土壤溶液中 Mn 主要以 Mn^{2+} 形态存在。Mn(Ⅲ)和 Mn(Ⅳ)是 Mn 的不溶形式，主要以氧化物形态存在，并形成土壤中近 20 种锰氧化物矿物。土壤中 Mn 的生物有效态包括水溶态、交换态和还原态[3,40,41]。

Mn 是地壳中仅次于 Fe 的第二普遍的微量元素，全球表层土壤总锰含量变化明显，在 7~9000mg/kg 范围内，平均值为 270~530mg/kg。在土壤发育过程中，Mn 倾向于以氧化物和氢氧化物的形式积累。除强还原条件外，生物有效态锰通常只占总锰的一小部分。由于土地利用方式不同，土壤中总锰含量差异较大，Mn 形态分布特征也存在较大差异。在岛状林中，土壤中 Mn 形态主要以可还原态锰为主，残渣态锰次之；在其他利用方式中，均以残渣态锰为主要 Mn 形态；可交换态锰含量占土壤总锰的比例差异较小；在湿地及农田中，可氧化态锰占总锰比例受垦殖方式影响很大，旱田占比高于水田[1,40,41]。

Mn 的迁移和转化受到土壤 pH 值和氧化还原条件的强烈影响。在中性或更高的土壤 pH 值下，不溶的 Mn(Ⅲ)和 Mn(Ⅳ)是其主要存在形式；在排水不良的酸性土壤，即 pH 值低于 5.0 的还原环境中，MnO 很容易还原为 Mn^{2+}，溶解度、迁移率和生物有效性均会明显增加。黏土矿物和氧化物通过吸附-解吸和表面沉淀过程控制土壤中水溶态锰在固液两相间的分布，从而影响其迁移率和生物有效性。有机质对土壤中 Mn 行为的影响较为复杂。新添加的有机质可促进水淹还原条件的形成，从而影响 Mn 的转化；腐植酸尤其是腐植酸盐能将 Mn^{2+} 留在其带负电的官能团上，从而减少其移动[40,41]。

2.2 有机污染物

2.2.1 多环芳烃

多环芳烃(PAHs)是一类由两个或两个以上碳氢原子芳香环融合而成的有机化合物。芳香环上存在的致密 π 电子使它们更能抵抗亲核反应，从而具有生化持久性。PAHs 具有低水溶性、低蒸汽压和高熔沸点等特点。分子量的增加会使其水溶性降低、亲脂性增加，处理难度也随之增加。由于 PAHs 具有较高的疏水性和较低的水溶性，它们在土壤/沉积物中的沉积速率会加快。它们强烈吸附在土壤颗粒上，使土壤生态系统成为 PAHs 的最终汇[42]。

PAHs 污染会对人类和其他生物体造成不利的健康影响。长期接触可使肺部产生毒性作用、引起严重问题、降低免疫力、损害肾脏和肝脏并引起皮肤刺激和炎症。据报道，由 2~3 个环组成的低分子量 PAHs 化合物会引起急性毒性，但不会致癌。相比之下，由 4~7 个环组成的高分子量 PAHs 的毒性相对较低，但具有致癌、致突变或致畸的特性。到目前为止，已发现 400 多种 PAHs，美国国家环境保护局根据它们的毒性、存在场地和现有知识，将其中 16 种定为优先污染物[43,44]。

土壤中一些 PAHs 被土壤胶体和有机质吸附，另一些 PAHs 与固体土壤颗粒结合从而阻碍了它们与生物受体接触，未结合部分可在土壤中迁移转化，被认为是生物有效的部分。PAHs 有效态残留包括可脱附态残留和有机溶剂提取态残留，它们能被动植物吸收，其中可脱附态残留最容易被吸收，也更易被微生物降解[1,43]。

表层土壤 PAHs 主要来源于人为活动，其分布与经济发展和人口密度有关。一个地区的城市化水平越高，人口越密集，人为活动越多，向环境排放的 PAHs 就越多，土壤中 PAHs 含量也就越高。此外，PAHs 的发生总是与能源消耗有关。一些工业化城市的煤炭消耗量远高于其他城市，其 PAHs 污染也更严重。根据污染源的不同，土壤中的总 PAHs 浓度为 0.001~300000mg/kg。其中结合态残留占总残留量的比例很小，而可脱附态残留占有效态残留量的比例大于有机溶剂提取态[1,45,46]。

PAHs 在土壤中会发生多种反应，包括吸附、挥发、光解、氧化还原反应，有时仅发生传递和迁移。微生物转化是其在污染场地主要的自然衰减方法。PAHs 的物理和化学特性决定了它们与土壤成分的相互作用，以及随后的生物有效性和生物降解过程。PAHs 的水溶性会随着苯环数量的增加而降低，因此在从固体基质溶解到水中时，高分子量 PAHs 比低分子量 PAHs 的溶解速度慢，更不易被生物降解。PAHs 的电化学稳定性、抗生物降解性、环境持久性和致癌指数随着苯环数量和疏水性的增加而提高，而它们的挥发性可能随着分子量的增加而降低。PAHs 在土壤中的生物利用度受吸附程度和基质与污染物之间接触时间的影响。它们在土壤中停留(老化)时能让污染物扩散到土壤微孔中，使得二者的融合达到稳定阶段，从而降低它们的流动性和生物利用度。然而，新受污染的土壤会对本土微生物表现出毒性甚至抑制本土微生物，直到它们适应新环境。土壤的理化性质对 PAHs 的生物利用度也有很大影响。黏土和有机质对 PAHs 的吸附能力更强，会降低它们的生物利用度。pH 值、温度和水分含量等环境因素会改变土壤有机质的性质和土壤中 PAHs 的释放，最终影响土壤 PAHs 的生物有效性和生物可及性[1,43,47,48]。

2.2.2 多氯联苯

多氯联苯(PCBs)是一类通过氯化联苯衍生的合成有机化合物分子，根据联苯环上氯原子数量(1~10)和位置(间位、邻位和对位)的不同，共有 209 个同系物。它们在非极性溶剂中的溶解度很高，而蒸汽压和水溶性极低，并随着氯原子数量的增加而降低。由于其优良的阻燃性能和低导电性，PCBs 曾广泛应用于工业和商业中。但因为 PCBs 具有环境持久性和亲脂性，可在食物网中发生生物积累，因此对生态系统和人类构成威胁。在 20 世纪 70 年代末和 80 年代初，大多数国家禁止了 PCBs 的制造和使用。尽管如此，它们仍然缓慢、持续地通过旧设备和废物倾倒释放到环境中。土壤是 PCBs 重要的环境基质，因为它既是源又是汇，特别是对于高氯化的 PCBs 同系物而言[49-51]。

毒理学研究证实，PCBs 对鱼类、哺乳动物和人类具有潜在毒性，可导致肝毒性、生殖与发育毒性和神经毒性等。国际癌症研究机构将 PCBs 列为第一类人类致癌物，USEPA 也将其列为潜在的人类致癌物。PCBs 按毒性可分为两类，一类为二噁英类 PCBs，其毒性作用与多氯二苯并二噁英(PCDD)和多氯二苯并呋喃(PCDF)相当；另一类为非二噁英类 PCBs，其不具有 PCDD/PCDF 毒性机制[49,51]。

在土壤中，PCBs 能吸附在土壤颗粒上并以不可提取态残留(NER)的形式存在，还能与溶解/颗粒有机碳结合或以溶解形式游离于土壤孔隙水中。NER 可分为三类：在隔离 NER 中，PCBs 被非共价键吸附或捕获，这一过程是可逆的，尽管释放速度可能非常慢；在化学结合 NER 中，PCBs 通过共价键被固定，此过程不可逆且非常稳定，有助于土壤中持久性污染物 NER 的形成；生物源 NER 来源于微生物死后固定在土壤中的生物质(降解微生物利用污染物作为碳源来建立其生物质成分)[52]。

土壤中的 PCBs 主要来源于颗粒沉降，有少量来源于用作肥料的污泥、填埋场的渗漏以及在农药配方中使用的 PCBs 等。在中国，PCBs 在土壤中的分布与广泛消费和密集的人类活动有关。电子垃圾拆解区、特大城市和工业集群均有较高的 PCBs 污染，浓度从几到几万 ng/g，主要为氯化程度较高的同系物。在农村和欠发达地区，PCBs 含量较低，浓度从几十 pg/g 到几 ng/g，主要为氯化程度较低的同系物。中国土壤中 PCBs 的同系物中主要以三氯联苯为主，其他的依次为二氯联苯、六氯联苯、四氯联苯、五氯联苯、七氯联苯、九氯联苯、八氯联苯[1,49]。

在土壤中，PCBs 可作为结合残留物被隔离或固定化，通过渗透和径流水(以溶解形式或与溶解有机碳结合)传输，从表面挥发，在相邻土层之间扩散并发生生物扰动；如果它们是可生物利用的，则 PCBs 可在土壤中通过好氧细菌(降解低氯同系物)和厌氧细菌(使高氯同系物部分脱氯)的活动以及非生物方式(水解和光解)进行降解。土壤中 PCBs 的环境归宿受其组成、土壤有机碳形式、老化过程、微生物活动和特性、植物种类和土壤条件的影响。不同组成的 PCBs 有不同的物理和化学性质，它们的水溶性和蒸汽压通常较低并与氯化程度成反比，半衰期随着氯化程度的增加而增加。这些特性使得高氯化程度的混合物不易挥发、与土壤有机质结合紧密且不能用于生物降解，因此在土壤中的持久性更高[1,51,52]。

2.2.3 有机氯农药

有机氯农药(OCPs)是最常用的农药之一，一般可分为氯化环二烯类、氯化二苯乙烷类、氯化苯类和氯化环已烷类。其特征是含氯原子、具有极性官能团并存在可能是芳香环的环状结构。OCPs 通常在环境中可长时间保持未降解的形式；它们具有半挥发性，可以长距离传播；还具有亲脂性，能通过食物链在生物中积累。尽管已有国家禁止使用 OCPs，但由于其特殊性质，在沙漠、雪地、水体、土壤和空气等生态环境中均可发现。典型的 OCPs 有六氯苯、灭灵、异狄氏剂、狄氏剂、氯丹、滴滴涕(DDTs)、六六六(HCHs)、毒杀芬、艾氏剂等[53,54]。OCPs 对生物和环境的毒性很高，可能影响人类和动物的免疫系统、神经系统、心血管系统、内分泌系统等。一些 OCPs 还会致癌，国际癌症研究机构已经将如狄氏剂和艾氏剂等 OCPs 归类为人类致癌物[53]。

OCPs 种类繁多，其中，DDTs 和 HCHs 是我国土壤中最普遍的 OCPs 污染物，主要由于我国 DDTs 和 HCHs 产量巨大，使用范围广，因此导致全国大部分地区尤其在农村地区普遍存在 DDTs 和 HCHs 残留。土壤中农药的形态与土壤类型有关。在沙土土壤中 DDTs 和 HCHs 主要以吸附态和残留态的形式存在，而溶解态和结合态所占比例很小；黏土土壤中则主要以吸附态的形式存在，残留态、结合态和溶解态所占比例相对较小[1,55,56]。

作为农业大国，我国一直是世界上最大的农药消费国。在我国农业土壤中已检测到 20 多种 OCPs，总浓度范围从 <LOD 到 3520ng/g。DDTs 的总浓度范围从

<LOD到3515ng/g，HCHs的总浓度范围从<LOD到760ng/g。我国中部地区由于农业活动密集，OCPs浓度高于其他地区。土壤中OCPs的残留水平与土地利用模式有关。对南京地区土壤中OCPs残留及分布状况的研究表明，工业用地土壤中OCPs残留量明显低于农业土壤，不同利用类型土壤中OCPs残留总量排序为露天蔬菜地>大棚蔬菜地>闲置地>旱地>工业区土地>水稻土>林地[1,55]。

OCPs在土壤中的迁移转化主要表现为在水体-土壤(沉积物)和土壤-大气之间的迁移。OCPs在土壤-大气间的转移主要分为以下两个过程：一是OCPs通过挥发作用直接从土壤挥发到大气中；二是在大气中通过干湿沉降作用再次进入土壤。通常情况下，土壤中存在一定水分和空气，进入土壤中的OCPs在其中存在一个复杂的平衡过程。这个过程受多种因素的影响，包括污染物性质(挥发性、溶解性)、土壤理化性质及环境条件等。土壤有机质是限制OCPs在土壤中有效性和流动性的最重要因素。土壤中的OCPs主要分布在有机质的非均质区域，它们可通过疏水相互作用、共价键和扩散控制的分配作用与土壤有机质结合。OCPs在土壤有机质玻璃碳域中的隔离和在微孔中的吸附可显著降低它们的生物利用度。温度上升会提高OCPs的蒸发量，土壤水分含量和润湿/干燥循环会干扰它们的吸收和提取[1,55,57,58]。

2.2.4 有机磷农药

有机磷农药(OPPs)是磷的有机酯衍生物，一般为硫磷酸、次膦酸、膦酸、磷酸的硫醇或酰胺衍生物，并带有苯氧基、氰化物和硫氰酸酯侧链。最常用的OPPs包括氯吡硫磷、马拉硫磷、乙酰甲胺磷、二溴磷、百治磷、亚胺硫磷、甲拌磷、二嗪农、乐果、谷硫磷等。因为在自然条件下，OPPs在阳光、空气、土壤中都能迅速降解，所以它们被视为OCPs的绝佳替代品，在世界各地被广泛使用。尽管OPPs有相对较低的持续性并易于在环境中降解，但较好的水溶性使它们同样会对环境和人体健康造成不良影响[59,60]。

急性或慢性接触OPPs可对人类、动物、植物和昆虫产生不同程度的毒性。它们会通过抑制生物体内乙酰胆碱酯酶的活性，使得生物的呼吸系统、生殖系统、神经系统、肝脏和肾脏发生异常。OPPs会通过抑制植物生长所必需的多种酶、经皮扩散和渗透性来破坏其促生长机制，经常使用它们还会破坏微生物群落，降低土壤肥力[59]。

OPPs在土壤中的形态和分布与它们的种类和在当地的施用情况有关，施用量少或降解速度快的OPPs浓度相对较低。农药厂的存在会使土壤中出现高浓度的OPPs[61]。OPPs在施用过程中，约90%不是作用于靶生物而是扩散到周围的环境中，土壤是其残留的重要场所。OPPs进入土壤后，能够发生被土壤颗粒及有机质吸附、降解和被农作物吸收等一系列理化过程。它们在土壤中的降解主要包括光解、化学降解和微生物降解，这些降解在土壤中共同作用来消除土壤污染。影响降解的因素有土壤湿度、温度、微生物数量和有机质含量等。OPPs 在太阳光的作用下形成激发态分子，导致分子中键断裂。大多数 OPPs 属于酯类，因此容易水解，水解速率随着 pH 值的增大而加快。它们的水解形式包括酸催化、碱催化，碱催化水解要比酸催化水解容易得多。OPPs 进入土壤后，被土壤中的有机质和矿物质所吸附进而发生吸附催化水解反应，还能与金属离子发生络合作用催化水解反应。在没有微生物参与的条件下，OPPs 在土壤中也会发生氧化还原反应。它与土壤的氧化还原电位密切相关，当土壤透气性好时，氧化还原电位高，有利于氧化反应的进行，反之则利于还原反应进行[1,60]。

2.2.5 多溴联苯醚

多溴联苯醚(PBDEs)是一类含有溴原子的芳香族化合物，由 209 个同系物组成。它们的分子结构为在醚键连接的 2 个苯环上带 2~10 个溴原子。PBDEs 是有效的溴化阻燃剂，因效率高、热稳定性好、成本低而被广泛用于塑料、纺织品、建筑材料和电子产品等一系列产品中。然而，PBDEs 具有环境持久性、远距离迁移性、生物累积性等特征，会对环境与生物体造成严重威胁[62,63]。虽然 PBDEs 的急性毒性和慢性毒性均较低，且随着溴化程度的增加而下降，但它们干扰内分泌系统中甲状腺激素代谢的作用是长期的。它们可能破坏神经系统、免疫系统和生殖系统并对人类有致癌性。国际癌症研究机构将其归类为第 3 组致癌物[63]。

由于 PBDEs 具有较高的吸附和保持能力，因此土壤已成为环境中 PBDEs 的重要储存库。全球不同地区 PBDEs 浓度的差异很大，这与其生产、使用、回收和拆解以及城市化程度和人类活动程度有关。PBDEs 存在于所有土壤中，在 PBDEs 制造、电子废物回收、塑料废物回收和工业化区域附近的浓度明显升高，浓度从数百 ng/g 到超过 50000ng/g。偏远地区的 PBDEs 是通过远距离大气迁移从污染地区运输来的，其浓度很低，且以低溴同系物占主导地位。一般而言，BDE-209 在土壤剖面中占主导地位，其次是 BDE-99 和 BDE-47。在我国土壤中，BDE-47、BDE-99、BDE-153、BDE-183 和 BDE-209 是主要的同系物[64-66]。

PBDEs 在土壤中的迁移和转化与自身的物理和化学性质有关。溴化程度较低的 PBDEs 通常会从土壤蒸发到空气中，而溴化程度较高的则会与土壤中有机质形成牢固的结合，并在土壤和空气之间达到平衡。与高溴化 PBDEs 相比，低溴化 PBDEs 很容易溶解，流动性更强，生物利用度更高。土壤中 PBDEs 的行为在很大程度上取决于土壤有机质的吸附。土壤中 PBDEs 总量和单个同系物的浓度与土壤中总有机碳含量、土壤有机质的吸附量呈正相关。PBDEs 能被土壤中的微生物转化，该过程包括厌氧微生物降解和好氧微生物降解。前者主要通过催化还原脱溴，高溴化 PBDEs 接收电子的同时释放溴离子而转化为低溴化 PBDEs，然后进一步降解；后者降解更彻底，过程更短。当土壤中存在 Fe^0 等金属催化剂时，可以使 PBDEs 脱溴并转化为低溴化同系物。此外，表层土壤中的 PBDEs 可以发生光解作用，但效率和速度较低[62,65]。

2.2.6 有机磷酸酯

有机磷酸酯(OPEs)是一组具有相同磷酸碱基单元(一个中心磷酸分子和异质取代基)的化合物。OPEs 以有机磷酸三酯(主要使用形式)、有机磷酸二酯(有机磷酸三酯的分解产物)和多磷酸酯的形式存在。OPEs 根据取代基的不同分为卤代烷基、非卤代烷基和芳基 OPEs。通常，氯化和溴化 OPEs 用作阻燃剂，非卤代 OPEs 用作增塑剂。由于溴化阻燃剂的使用受到限制，作为合适替代品的 OPEs 相对环保且市场价格较低，近年来使用量迅速增加，已在世界范围内被广泛检测到[67,68]。与溴化阻燃剂相比，OPEs 的生物蓄积性及对人类和环境的毒性均较低。OPEs 具有潜在的致癌性、神经毒性、遗传毒性、致突变性和生殖毒性，可能对生态环境和人类健康造成潜在风险[68]。

目前，除少数亚洲国家(中国、日本、尼泊尔、越南、土耳其等)、欧洲国家(德国)和北极地区外，关于土壤中 OPEs 发生情况的调查研究仍然很少。土壤中 OPEs 的中位总浓度一般在 0.10~10000ng/g 范围内，其中对-(P-N-咔唑基亚苄基亚氨基)(TCIPP)和疏水性 OPEs 是含量最丰富的 OPEs 化合物，浓度远高于其他 OPEs 化合物。虽然疏水性 OPEs 更容易分布在土壤中，但由于 TCIPP 产量高、应用广，仍成为土壤中最主要的 OPEs 化合物。土壤中 OPEs 的分布受土地利用类型的影响很大。总的来说，电子垃圾拆解区、工业区、人类活动多样的城市中 OPEs 水平明显高于其他地区[67,69]。

OPEs 在土壤颗粒上发生吸附和解吸，从而影响它们的迁移和转化。OPEs 在不同温度下对泥炭土的吸附亲和力遵循同样的顺序：芳基 OPEs>烷基 OPEs>氯化 OPEs。芳基 OPEs 具有较大的辛醇-水分配系数和有机碳吸附系数，理论上易于分配或吸收到土壤中；氯化 OPEs 的水溶性较高，土壤对它们的吸附能力相对较弱，因此其更易于从土壤中解吸出来被生物利用。土壤中有机质含量也会影响 OPEs 的吸附解吸行为，随着土壤有机质含量增加，OPEs 的解吸滞后现象减小，更容易释放到环境中[69]。

2.2.7 邻苯二甲酸酯

邻苯二甲酸酯(PAEs)是一类由邻苯二甲酸酐和醇合成的亲脂性化学品。它们的化学结构通常由一个平面芳环和两个可延伸的非线性脂肪侧链组成。两个侧链基团可相同也可不同，从邻苯二甲酸二甲酯到十三烷基酯约有 30 种不同的侧链。PAEs 因其绝缘性好、强度高、耐腐蚀性好、成本低和易于制造，被广泛用于各种消费产品中。低分子量 PAEs(具有 3~6 个碳链)广泛用于化妆品和个人护理产品中；高分子量PAEs(7~13个碳链)在聚合物工业中被广泛用作增塑剂，以提高产品的柔韧性、可加工性和一般处理性能，约80% PAEs用于此用途。PAEs不与聚合物基质共价结合，而是以自由流动和可浸出的形式存在，因此它们可能会随着时间的推移逐渐从软塑料中流失，并在生产和制造过程中被释放到环境中[70,71]。

PAEs是重要的内分泌干扰化学物质之一，它们的暴露会造成严重的健康问题，可能导致人类生殖系统异常、哮喘和过敏、性早熟、肥胖、发育迟缓；其对肾脏、甲状腺、睾丸和肝脏等器官有毒性，还会造成神经系统和免疫系统的疾病，以及不孕症和癌症。PAEs对生态系统也有负面影响。USEPA已经将6种PAEs同系物列为优先污染物[70]。

土壤中的PAEs主要来自农业活动(如地膜覆盖和塑料废物)和化学产品(如化肥和添加剂)排放。邻苯二甲酸二(2-乙基己基)酯(DEHP)、邻苯二甲酸二乙酯(DEP)和邻苯二甲酸二甲酯(DMP)是污染土壤中的主要成分。PAEs在土壤中的横向分布通常与距污染源的地理距离呈负相关。大多数PAEs存在于表层土壤中，其浓度在深层土层中有所降低，但耕作等人为活动可能会导致深层土壤(20~40cm)的PAEs浓度与表层土壤(0~20cm)相似。我国土壤中PAEs水平普遍处于全球范围的高端。邻苯二甲酸二正丁酯(DBP)和DEHP通常是我国土壤中最主要的PAEs同系物。DBP浓度从最低检出限到31.2mg/kg，在大多数土壤样品中平均浓度<10mg/kg；DEHP浓度为检出限至264mg/kg，平均值<25mg/kg，在某些情况下约占总PAEs的90%[70,72,73]。

PAEs在土壤中的迁移和转化受自身性质、土壤类型、氧气和温度等因素的影响。PAEs的水溶性会影响它们的生物降解性和存在形式。随着烷基链长度增加，PAEs的疏水性增加，土壤对它们的吸附能力也会增强。PAEs的蒸汽压会影响它们在土壤和大气之间的迁移，通常随着烷基链长度的增加而降低。土壤类型会影响土壤中PAEs的吸附/解吸和浸出，黏土的吸附能力强于沙土；不同类型的土壤中微生物密度不同，PAEs的降解速率也不同，因此与潮土相比，PAEs在微生物密度更高的黑土中有更短的半衰期。当土壤中存在可溶性腐殖质物质时，PAEs的水溶性增加，从而降低了土壤对它们的吸附程度，增加迁移率。土壤中存在的氧气会影响PAEs降解。在有氧条件下，PAEs很容易降解，但在稻田和深层土壤普遍存在的厌氧条件下，它们不易降解。提高温度可增加PAEs的降解速率，降低它们在土壤中的持久性[72-76]。

2.2.8 石油烃

石油烃来源于天然矿物资源，如沥青、煤和原油，包括成千上万种不同的混合物和含有各种浓度的有机化合物，但其中大部分包括氢和碳，氧、硫和氮含量较低。根据其化学结构，石油烃可分为 4 类：饱和烃、芳烃、沥青质和树脂。由于石油勘探和精炼活动、石油泄漏、地下储罐泄漏和工业径流/排放，石油烃污染在世界各地都很常见，对人类健康和生态系统构成威胁[77-79]。

石油烃进入原始环境会立即改变该环境的性质。它们会杀死或抑制许多微生物种，改变微生物群落的功能，从而改变生态系统。植物暴露于石油烃中会造成直接毒性、无法获得光照以及养分和水分(石油烃限制养分和水分在土壤基质中的移动)，这些都会严重损害植物的生长力。此外，石油烃会影响人类和动物的健康，包括产生血液毒性、致癌性、遗传毒性、致突变性、致畸性、细胞毒性、神经毒性、免疫毒性、肾毒性、肝毒性、心脏毒性和眼毒性等。因此，USEPA 将石油烃列为优先污染物[78,80,81]。

20 世纪 80 年代以来，土壤石油烃类污染成为世界各国普遍关注的环境问题。由于石油烃污染源差异很大，不同国家和地区可能有不同的污染背景。高度工业化国家的工业活动消耗量和泄漏潜力更高，因此这些国家和地区往往有更多的污染场地。石油生产国(如美国、沙特阿拉伯、俄罗斯和伊朗)的污染更为严重，拥有许多热点地区(浓度为 50000~100000mg/kg 的地区)。目前对石油烃在土壤中的存在主要侧重于总含量和大类组成的分析。对胜利采油区 4 个不同开采年代(20 世纪 60 年代、90 年代，21 世纪 00 年代、10 年代)油井周边土壤的取样与测试表明，油井周边土壤中石油烃浓度均高于土壤石油污染临界值，石油烃浓度随着离油井距离的增加而降低[1,79]。

石油烃进入土壤环境后，会经历涉及物理化学和生物过程的风化作用。不同石油烃组分的风化很大程度上取决于它们的物理、化学特性和化学成分。通常，低分子量石油烃进入土壤时，由于疏水性低、水溶性和挥发性高，容易迁移到大气或分配到土壤孔隙水中，而具有相对流动性和可降解性。高分子量石油烃更持久且不易降解。石油烃在土壤中的降解倾向按以下顺序增加：沥青质<多环芳烃<环状烷烃<单环芳烃<低分子量正烷基芳烃<支链烯烃<支链烷烃<正构烷烃。风化过程还受到土壤特性的影响，包括物理、化学特性(如颗粒大小、孔隙度、有机质含量、渗透性)和生物特性(如本地微生物丰度和活性)。土壤孔隙特性决定了石油烃蒸气输送到气相的过程，并影响溶解性石油烃的运输过程。有机质、黏土含量和烃类疏水性的增加会增强吸附过程，使石油烃不易被微生物接触或利用，从而限制它们在土壤中的降解和迁移。此外，温度、湿度和降水等环境条件也会影响风化作用。温度升高会增加石油烃挥发的速率和能力。缺水会阻碍土壤微生物群落之间及与环境之间的相互作用，从而对土壤微生物群落产生负面影响；过多的水分也会使土壤饱和，从而降低 O_2 溶解到水中的能力，使好氧土壤变得厌氧，阻碍生物修复[78,80,82]。

2.2.9 抗生素

抗生素是世界上最常用的药物之一，能够杀死细菌或抑制细菌生长以对抗细菌感染。它们为源自天然、半合成和合成来源的化学物质，根据化学结构可分为β-内酰胺类(βLs)、大环内酯类(MAs)、喹诺酮类(QNs)、四环素类(TCs)和磺胺类(SAs)。目前，抗生素已被广泛用于治疗和预防人类疾病，并在水产养殖业和畜牧业中用于保护动物健康和促进生长[83,84]。

抗生素不能被人和动物完全代谢，也不能在污水处理厂中完全去除。因此，大多数抗生素在使用后最终会进入环境，给生态系统和人类健康带来潜在危害。抗生素会在植物中积累并抑制其生长。通过进食和饮水从环境中摄入抗生素可能会产生潜在的生物放大效应，扰乱微生物组，尤其是人体的肠道微生物群。更重要的是，环境中的抗生素残留有可能产生抗生素耐药菌并促进抗生素耐药基因的形成，从而构成严重的公共卫生风险[83,84]。

抗生素的空间分布格局和污染程度主要取决于抗生素的生产和使用情况。在我国，不同地区土壤中的抗生素浓度水平存在很大差异，总共检出44种抗生素，包括9种MAs、16种QNs、15种SAs和4种TCs。TCs和QNs是已检测到的浓度较高的抗生素，主要归因于粪便作为肥料的使用和生活废水的再利用。土壤中抗生素残留的浓度受粪便来源的影响，不同土壤中抗生素残留检出频率顺序为禽粪土>猪粪土>牛粪土。此外，抗生素的出现情况还与土层深度有关，表层土壤(0~10cm)中的抗生素浓度高于深层(10~40cm)土壤[83,84]。

抗生素性质、土壤性质(土壤质地、土壤pH值、共存离子、土壤有机质)均会影响抗生素在土壤中的迁移和转化。抗生素在土壤中的吸附行为显著依赖于它们的物理和化学性质。QNs和TCs有强极性和多离子基团，因此其在土壤中具有很强的吸附能力。MAs具有与TCs相似的官能团，但它们单位质量的极性官能团比TCs少，因此吸附能力通常弱于TCs。SAs分子上有两个可电离基团，在土壤中表现为弱吸附。土壤质地中的黏土含量对抗生素的吸附影响很大。抗生素的吸附量与土壤黏土含量显著相关，土壤中沙质矿物质的增加不利于抗生素的吸附。土壤pH值会影响抗生素的吸附行为和迁移行为。大多数抗生素在酸性条件下与土壤的吸附作用更强，高pH值(>7)会加速它们的迁移行为，增强它们的流动性。土壤中共存离子会影响抗生素的吸附。一价金属离子通常可与阳离子或零价抗生素竞争吸附位点，阻碍抗生素的吸附。一些高价离子在低pH值土壤中也有类似于一价离子的抑制吸附作用。然而，由于高价离子可通过共价键作用与抗生素带负电部分和固体表面带负电的吸附位点接触，产生抗生素—金属离子—吸附物的三相络合，它们也能促进一些抗生素的吸附。土壤有机质的去质子化官能团可为带正电荷的抗生素离子提供潜在的吸附位点，促进抗生素的吸附；土壤中悬浮的有机质胶体可作为抗生素的载体，促进它们的迁移。土壤中抗生素降解的主要途径是好氧土壤生物降解，因此土壤微生物组、土壤 pH 值、土壤温度等影响微生物活性的因素均会影响抗生素的降解行为。此外，在土壤中各种抗生素的相互作用也会影响它们的生物降解。土壤中的某些抗生素可能会抑制甚至杀死可用于降解其他抗生素的微生物组，从而阻止其他抗生素的生物降解。同时，当各种抗生素相互作用时，抗生素的生物降解也可能会增强[85]。

2.2.10 微塑料

塑料是由各种合成或半合成有机复合材料组成的聚合物，主要是聚乙烯(PE)、聚丙烯(PP)、聚苯乙烯(PS)、聚氯乙烯(PVC)、聚对苯二甲酸乙二醇酯(PET)和聚酰胺(PA)。塑料材料因具有成本低、延展性好、耐用性好等优点，已被广泛应用于工业、农业、医药等许多领域。这些大规模使用的塑料通过不同的方式被释放到环境中，并因回收率低和耐久性长而在环境中积累。微塑料主要指粒径小于5mm 的塑料颗粒，它们以原生微塑料(人工微塑料)和次生微塑料(大型塑料废弃物分解生成)的形式存在于生态系统中。其中，次级微塑料占进入环境中所有塑料的 70%~80%，而初级微塑料仅占 15%~30%[86-88]。

微塑料因其微小的颗粒尺寸及对水环境和生态系统的潜在威胁引起了全世界的关注。由于体积小，微塑料可被生物体摄入，造成潜在的物理和化学损害。由于比表面积较大，微塑料可吸收土壤中其他的持久性有机污染物并将其转移到水生生物和陆生生物中，这可能使毒素通过食物链进行生物累积。微塑料和其他污染物联合作用后的生物有效性和毒性也可能与单个污染物不同。微塑料在生产过程中可能会与其他化学添加剂共存，这些化学添加剂可能会随着塑料降解而被释放到环境中，威胁生态系统和人类健康。微塑料还可改变土壤的物理和化学性质，从而影响整个土壤生物圈[87]。

土壤微塑料污染在世界范围内普遍存在，但主要存在于中国、欧洲和澳大利亚的土壤环境中。全球土壤微塑料污染特征存在显著差异，浓度可相差 6 个数量级。此外，微塑料丰度受环境因素和土地利用类型的影响。陕西省农业土壤中微塑料丰度受种植类型和气候因素的影响，浓度为 1430~3410 个/kg。在对贵屿镇电子垃圾拆解区不同土地利用条件下土壤中微塑料含量的调查中发现，不同土壤中微塑料丰度的差异很大，为 0~34100 个/kg[87,89]。

微塑料在土壤中会经历一系列迁移和降解过程。许多因素会影响微塑料在土壤中的迁移，包括微塑料特性、土壤特性(如土壤裂缝、孔隙和聚集体)、土壤生物群(如真菌、细菌、植物和土壤动物)及农业和灌溉等人类活动。尺寸小的微塑料可穿过土壤孔隙并到达深层土壤，向下移动的更多。不同形状的微塑料与土壤聚集的相互作用不同，可能会对土壤中微塑料运动产生阻碍作用。与纤维和薄膜微塑料相比，球形和颗粒状微塑料更容易迁移到更深的土壤中。包括官能团和疏水性在内的微塑料表面特性会影响它们与土壤颗粒间的相互作用，从而影响迁移过程。土壤质地决定土壤孔隙的大小，因此直接影响微塑料迁移。土壤裂缝能促进微塑料的垂直迁移。土壤中矿物质、富里酸等物质通过与微塑料颗粒吸附改变其与土壤颗粒之间的相互作用。土壤中的动物活动能促进微塑料的水平迁移和垂直迁移，较大的物种比较小的物种具有更强的微塑料运输能力。微塑料在土壤中长期积累会发生进一步的风化或降解。在自然条件下，微塑料因紫外线辐射、热氧化、物理磨损和生物过程而降解。由于断链、歧化和含氧官能团增加等反应，微塑料降解会改变其表面形态和化学结构，从而改变它们的迁移率和生物利用性。长期风化甚至可以将微塑料降解为粒径更小的纳米塑料，增强其环境流动性和毒性。微生物在塑料的自然降解中发挥着重要作用。微生物可以利用各种酶将聚合物降解为可被同化和代谢以满足其自身能量需求的中间体，但因为塑料本身难以降解，其生物降解速度非常缓慢，且与不同环境因素的综合作用密切相关[87,90]。

参 考 文 献

[1] 熊敬超，宋自新，崔龙哲，等．污染土壤修复技术与应用[M]．第2版．北京：化学工业出版社，2021.

[2] HAIDER F U，CAI L Q，COULTER J A，et al. Cadmium toxicity in plants：Impacts and remediation strategy[J]. Ecotoxicology and Environmental Safety，2021，211：111887.

[3] RIAZ U，ASLAM A，ZAMAN Q U，et al. Cadmium contamination，bioavailability，uptake mechanism and remediation strategies in soil - plant - environment system：a critical review [J]. Current Analytical Chemistry，2021，17 (1)：49-60.

[4] GUL I，MANZOOR M，HASHIM N，et al. Challenges in microbially and chelate-assisted phytoextraction of cadmium and lead-A review[J]. Environmental Pollution，2021，287：117667.

[5] TENG D Y，MAO K，ALI W，et al. Describing the toxicity and sources and the remediation technologies for mercury-contaminated soil[J]. Rsc Advances，2020，10 (39)：23221-23232.

[6] MUHAMMAD S，SANA K，IRSHAD B，et al. A critical review of mercury speciation，bioavailability，toxicity and detoxification in soil-plant environment：ecotoxicology and health risk assessment[J]. Science of the Total Environment，2020，711：134749.

[7] KHANAM R，KUMAR A，NAYAK A K，et al. Metal(loid)s (As，Hg，Se，Pb and Cd) in paddy soil：Bioavailability and potential risk to human health[J]. Science of the Total Environment，2020，699：134330.

[8] HE M，TIAN L，BRAATEN H F V，et al. Mercury-organic matter interactions in soils and sediments：angel or devil? [J]Bulletin of Environmental Contamination and Toxicology，2019，102 (5)：621-627.

[9] SRIVASTAVA D, TIWARI M, DUTTA P, et al. Chromium stress in plants: toxicity, tolerance and phytoremediation[J]. Sustainability, 2021, 13 (9): 4629.

[10] UKHUREBOR K E, AIGBE U O, ONYANCHA RB, et al. Effect of hexavalent chromium on the environment and removal techniques: A review[J]. Journal of Environmental Management, 2021, 280: 111809.

[11] GENCHI G, LAURIA G, CATALANO A, et al. The double face of metals: the intriguing case of chromium[J]. Applied Sciences-Basel, 2021, 11 (2): 638.

[12] RAJ D, MAITI SK. Sources, bioaccumulation, health risks and remediation of potentially toxic metal(loid)s (As, Cd, Cr, Pb and Hg): An epitomised review[J]. Environmental Monitoring and Assessment, 2020, 192 (2): 108.

[13] AO M, CHEN X, DENG T, et al. Chromium biogeochemical behaviour in soil-plant systems and remediation strategies: A critical review[J]. Journal of Hazardous Materials, 2022, 424 (A): 127233.

[14] KUMAR A, KUMAR A, CABRAL-PINTO M M S, et al. Lead toxicity: Health hazards, influence on food chain, and sustainable remediation approaches[J]. International Journal of Environmental Research and Public Health, 2020, 17 (7): 2179.

[15] ZULFIQAR U, FAROOQ M, HUSSAIN S, et al. Lead toxicity in plants: Impacts and remediation[J]. Journal of Environmental Management, 2019, 250: 109557.

[16] RIGOLETTO M, CALZA P, GAGGERO E, et al. Bioremediation methods for the recovery of lead-contaminated soils: A review[J]. Applied Sciences-Basel, 2020, 10 (10): 3528.

[17] KUSHWAHA A, HANS N, KUMAR S, et al. A critical review on speciation, mobilization and toxicity of lead in soil-microbe-plant system and bioremediation strategies[J]. Ecotoxicology and Environmental Safety, 2018, 147: 1035-1045.

[18] BALI A S, SIDHU G P S. Arsenic acquisition, toxicity and tolerance in plants-From physiology to remediation: A review[J]. Chemosphere, 2021, 283: 131050.

[19] ZOU H M, ZHOU C, LI Y X, et al. Occurrence, toxicity, and speciation analysis of arsenic in edible mushrooms[J]. Food Chemistry, 2019, 281: 269-284.

[20] SODHI K K, KUMAR M, AGRAWAL P K, et al. Perspectives on arsenic toxicity, carcinogenicity and its systemic remediation strategies [J]. Environmental Technology & Innovation, 2019, 16: 100462.

[21] MOULICK D, SAMANTA S, SARKAR S, et al. Arsenic contamination, impact and mitigation strategies in rice agro-environment: An inclusive insight[J]. Science of the Total Environment, 2021, 800: 149477.

[22] KHAN I, AWAN S A, RIZWAN M, et al. Arsenic behavior in soil-plant system and its detoxification mechanisms in plants: A review[J]. Environmental Pollution, 2021, 286: 117389.

[23] KAUR H, GARG N. Zinc toxicity in plants: A review[J]. Planta, 2021, 253 (6): 129.

[24] KEERTHANA S, KUMAR A. Potential risks and benefits of zinc oxide nanoparticles: A systematic review[J]. Critical Reviews in Toxicology, 2020, 50 (1): 47-71.

[25] SHARMA R, GARG R, KUMARI A A. Review on biogenic synthesis, applications and toxicity aspects of zinc oxide nanoparticles[J]. Excli Journal, 2020, 19: 1325-1340.

[26] STURIKOVA H, KRYSTOFOVA O, HUSKA D, et al. Zinc, zinc nanoparticles and plants [J]. Journal of Hazardous Materials, 2018, 349: 101-110.

[27] ALI W, MAO K, ZHANG H, et al. Comprehensive review of the basic chemical behaviours, sources, processes, and endpoints of trace element contamination in paddy soil-rice systems in rice-growing countries[J]. Journal of Hazardous Materials, 2020, 397: 122720.

[28] NATASHA N, SHAHID M, BIBI I, et al. Zinc in soil-plant-human system: A data-analysis review[J]. Science of the Total Environment, 2022, 808: 152024.

[29] KUMAR A, JIGYASU D K, SUBRAHMANYAM G, et al. Nickel in terrestrial biota: Comprehensive review on contamination, toxicity, tolerance and its remediation approaches[J]. Chemosphere, 2021, 275: 129996.

[30] GENCHI G, CAROCCI A, LAURIA G, et al. Nickel: Human health and environmental toxicology[J]. International Journal of Environmental Research and Public Health, 2020, 17 (3): 679.

[31] RINKLEBE J, SHAHEEN S M. Redox chemistry of nickel in soils and sediments: A review [J]. Chemosphere, 2017, 179: 265-278.

[32] HASSAN M U, CHATTHA M U, KHAN I, et al. Nickel toxicity in plants: Reasons, toxic effects, tolerance mechanisms, and remediation possibilitiesa review[J]. Environmental Science and Pollution Research, 2019, 26 (13): 12673-12688.

[33] AMEEN N, AMJAD M, MURTAZA B, et al. Biogeochemical behavior of nickel under different abiotic stresses: Toxicity and detoxification mechanisms in plants[J]. Environmental Science and Pollution Research, 2019, 26 (11): 10496-10514.

[34] EL-NAGGAR A, AHMED N, MOSA A, et al. Nickel in soil and water: Sources, biogeochemistry, and remediation using biochar[J]. Journal of Hazardous Materials, 2021, 419: 126421.

[35] TARNACKA B, JOPOWICZ A, MASLINSKA M. Copper, iron, and manganese toxicity in neuropsychiatric conditions[J]. International Journal of Molecular Sciences, 2021, 22 (15): 7820.

[36] MIR A R, PICHTEL J, HAYAT S. Copper: Uptake, toxicity and tolerance in plants and management of Cu-contaminated soil[J]. Biometals, 2021, 34 (4): 737-759.

[37] SHABBIR Z, SARDAR A, SHABBIR A, et al. Copper uptake, essentiality, toxicity, detoxification and risk assessment in soil-plant environment[J]. Chemosphere, 2020, 259: 127436.

[38] KUMAR V, PANDITA S, SIDHU G P S, et al. Copper bioavailability, uptake, toxicity and tolerance in plants: A comprehensive review[J]. Chemosphere, 2021, 262: 127810.

[39] ALEJANDRO S, HOLLER S, MEIER B, et al. Manganese in plants: From acquisition to subcellular allocation[J]. Frontiers in Plant Science, 2020, 11: 300.

[40] LI J F, JIA Y D, DONG R S, et al. Advances in the mechanisms of plant tolerance to manga-

nese toxicity[J]. International Journal of Molecular Science, 2019, 20 (20): 5096.

[41] HE Z L, SHENTU J, YANG X E. Manganese and Selenium in trace elements in soils[M]. Edited by Peter S. Hooda, 2010. Blackwell Publishing Ltd., Oxford, UK.

[42] PATEL A B, SHAIKH S, JAIN K R, et al. Polycyclic aromatic hydrocarbons: Sources, toxicity, and remediation approaches[J]. Frontiers in Microbiology, 2020, 11: 562813.

[43] KUMAR M, BOLAN N S, HOANG S A, et al. Remediation of soils and sediments polluted with polycyclic aromatic hydrocarbons: Toimmobilize, mobilize, or degrade? [J]. Journal of Hazardous Materials, 2021, 420: 126534.

[44] AHMAD I. Microalgae-bacteria consortia: A review on the degradation of polycyclic aromatic hydrocarbons (PAHs)[J]. Arabian Journal for Science and Engineering, 2021, 47 (1): 19-43.

[45] ZHANG P, CHEN Y G. Polycyclic aromatic hydrocarbons contamination in surface soil of China: A review[J]. Science of the Total Environment, 2017, 605/606: 1011-1020.

[46] KUPPUSAMY S, THAVAMANI P, VENKATESWARLU K, et al. Remediation approaches for polycyclic aromatic hydrocarbons (PAHs) contaminated soils: Technological constraints, emerging trends and future directions[J]. Chemosphere, 2017, 168: 944-968.

[47] SAYARA T, SANCHEZ A. Bioremediation of PAH-contaminated soils: Process enhancement through composting/compost[J]. Applied Sciences-Basel, 2020, 10 (11): 3684.

[48] YU L B, DUAN L C, NAIDU R, et al. Abiotic factors controlling bioavailability and bioaccessibility of polycyclic aromatic hydrocarbons in soil: Putting together a bigger picture[J]. Science of the Total Environment, 2018, 613/614: 1140-1153.

[49] ZHU M H, YUAN Y B, YIN H, et al. Environmental contamination and human exposure of polychlorinated biphenyls (PCBs) in China: A review[J]. Science of the Total Environment, 2022, 805: 150270.

[50] KLOCKE C, SETHI S, LEIN P J. The developmental neurotoxicity of legacy vs. contemporary polychlorinated biphenyls (PCBs): similarities and differences[J]. Environmental Science and Pollution Research, 2020, 27 (9): 8885-8896.

[51] VERGANI L, MAPELLI F, ZANARDINI E, et al. Phyto-rhizoremediation of polychlorinated biphenyl contaminated soils: An outlook on plant-microbe beneficial interactions[J]. Science of the Total Environment, 2017, 575: 1395-1406.

[52] TERZAGHI E, ZANARDINI E, MOROSINI C, et al. Rhizoremediation half-lives of PCBs: Role of congener composition, organic carbon forms, bioavailability, microbial activity, plant species and soil conditions, on the prediction of fate and persistence in soil[J]. Science of the Total Environment, 2018, 612: 544-560.

[53] AJIBOYE T O, KUVAREGA A T, ONWUDIWE D C. Recent strategies for environmental remediation of organochlorine pesticides[J]. Applied Sciences-Basel, 2020, 10 (18): 6286.

[54] TAIWO A M. A review of environmental and health effects of organochlorine pesticide residues in Africa[J]. Chemosphere, 2019, 220: 1126-1140.

[55] SUN J T, PAN L L, TSANG D C W, et al. Organic contamination and remediation in the agri-

cultural soils of China: A critical review[J]. Science of the Total Environment, 2018, 615: 724-740.

[56] Ma Y, Yun X T, RUAN Z Y, et al. Review of hexachlorocyclohexane (HCH) and dichlorodiphenyltrichloroethane (DDT) contamination in Chinese soils[J]. Science of the Total Environment, 2020, 749: 141212.

[57] WANG L, XUE C, ZHANG Y S, et al. Soil aggregate-associated distribution of DDTs and HCHs in farmland and bareland soils in the Danjiangkou Reservoir Area of China[J]. Environmental Pollution, 2018, 243 (A): 734-742.

[58] LUPI L, BEDMAR F, WUNDERLIN D A, et al. Organochlorine pesticides in agricultural soils and associated biota[J]. Environmental Earth Sciences, 2016, 75 (6): 519.

[59] SIDHU G K, SINGH S, KUMAR V, et al. Toxicity, monitoring and biodegradation of organophosphate pesticides: A review[J]. Critical Reviews in Environmental Science and Technology, 2019, 49 (13): 1135-1187.

[60] KUMAR S, KAUSHIK G, DAR M A, et al. Microbial degradation of organophosphate pesticides: A review[J]. Pedosphere, 2018, 28 (2): 190-208.

[61] Pan L L, Sun J T, Li Z H, et al. Organophosphate pesticide in agricultural soils from the Yangtze River Delta of China: Concentration, distribution, and risk assessment[J]. Environmental Science and Pollution Research, 2018, 25 (1): 4-11.

[62] ZHANG Y F, XI B D, TAN W B. Release, transformation, and risk factors of polybrominated diphenyl ethers from landfills to the surrounding environments: A review[J]. Environment International, 2021, 157: 106780.

[63] OHORO C R, ADENIJI A O, OKOH A I, et al. Polybrominated diphenyl ethers in the environmental systems: A review[J]. Journal of Environmental Health Science and Engineering, 2021, 19 (1): 1229-1247.

[64] WU Z N, HAN W, YANG X, et al. The occurrence of polybrominated diphenyl ether (PBDE) contamination in soil, water/sediment, and air[J]. Environmental Science and Pollution Research, 2019, 26 (23): 23219-23241.

[65] JIANG Y F, YUAN L M, LIN Q H, et al. Polybrominated diphenyl ethers in the environment and human external and internal exposure in China: A review[J]. Science of the Total Environment, 2019, 696: 133902.

[66] MCGRATH T J, BALL A S, CLARKE B O. Critical review of soil contamination by polybrominated diphenyl ethers (PBDEs) and novel brominated flame retardants (NBFRs); concentrations, sources and congener profiles[J]. Environmental Pollution, 2017, 230: 741-757.

[67] WANG X, ZHU Q Q, YAN X T, et al. A review of organophosphate flame retardants and plasticizers in the environment: Analysis, occurrence and risk assessment[J]. Science of the Total Environment, 2020, 731: 139071.

[68] HU Z H, YIN L S, WEN X F, et al. Organophosphate esters in China: Fate, occurrence, and human exposure[J]. Toxics, 2021, 9 (11): 310.

[69] ZHANG Q Y, WANG Y, ZHANG C, et al. A review of organophosphate esters in soil: Implications for the potential source, transfer, and transformation mechanism[J]. Environmental Research, 2022, 204 (PartB): 112122.

[70] TRAN H, LIN C, BUI X T, et al. Phthalates in the environment: characteristics, fate and transport, and advanced wastewater treatment technologies[J]. Bioresource Technoloy, 2022, 344 (PartB): 126249.

[71] HUANG L, ZHU X Z, ZHOU S X, et al. Phthalic acid esters: Natural sources and biological activities[J]. Toxins, 2021, 13 (7): 495.

[72] HE L Z, GIELEN G, BOLAN N S, et al. Contamination and remediation of phthalic acid esters in agricultural soils in China: A review[J]. Agronomy for Sustainable Development, 2015, 35 (2): 519-534.

[73] Lu H X, Mo C H, Zhao H M, et al. Soil contamination and sources of phthalates and its health risk in China: A review[J]. Environmental Research, 2018, 164: 417-429.

[74] DAS M T, KUMAR S S, GHOSH P, et al. Remediation strategies for mitigation of phthalate pollution: Challenges and future perspectives [J] . Journal of Hazardous Materials, 2021, 409: 124496.

[75] PRASAD B. Phthalate pollution: Environmental fate and cumulative human exposure index using the multivariate analysis approach[J]. Environmental Science-Processes & Impacts, 2021, 23 (3): 389-399.

[76] NET S, SEMPERE R, DELMONT A, et al. Occurrence, fate, behavior and ecotoxicological state of phthalates in different environmental matrices[J]. Environmental Science & Technology, 2015, 49 (7): 4019-4035.

[77] HAIDER F U, EJAZ M, CHEEMA S A, et al. Phytotoxicity of petroleum hydrocarbons: Sources, impacts and remediation strategies [J] . Environmental Research, 2021, 197: 111031.

[78] TRUSKEWYCZ A, GUNDRY T D, KHUDUR L S, et al. Petroleum hydrocarbon contamination in terrestrial ecosystems-Fate and microbial responses[J]. Molecules, 2019, 24 (18): 3400.

[79] TRAN H T, LIN C, BUI X T, et al. Aerobic composting remediation of petroleum hydrocarbon-contaminated soil[J]. Current and Future Perspectives. Science of the Total Environment, 2021, 753: 142250.

[80] OSSAI I C, AHMED A, HASSAN A, et al. Remediation of soil and water contaminated with petroleum hydrocarbon: A review [J] . Environmental Technology & Innovation, 2020, 17: 100526.

[81] ZHANG T, LIU Y Y, ZHONG S, et al. AOPs-based remediation of petroleum hydrocarbons-contaminated soils: Efficiency, influencing factors and environmental impacts[J]. Chemosphere, 2020, 246: 125726.

[82] HOANG S A, SARKAR B, SESHADRI B, et al. Mitigation of petroleum-hydrocarbon-contaminated hazardous soils using organic amendments: A review[J]. Journal of Hazardous Materials,

2021, 416: 125702.

[83] YANG Q L, GAO Y, KE J, et al. Antibiotics: An overview on the environmental occurrence, toxicity, degradation, and removal methods[J]. Bioengineered, 2021, 12 (1): 7376-7416.

[84] LYU J, YANG L S, ZHANG L, et al. Antibiotics in soil and water in China-A systematic review and source analysis[J]. Environmental Pollution, 2020, 266 (1): 115147.

[85] ZHI D, YANG D X, ZHENG Y X, et al. Current progress in the adsorption, transport and biodegradation of antibiotics in soil [J]. Journal of Environmental Management, 2019, 251: 109598.

[86] YU J R, ADINGO S, LIU X L, et al. Micro plastics in soil ecosystem-A review of sources, fate, and ecological impact[J]. Plant, Soil and Environment, 2022, 68 (1): 1-17.

[87] YA H B, JIANG B, XING Y, et al. Recent advances on ecological effects of microplastics on soil environment[J]. Science of the Total Environment, 2021, 798: 149338.

[88] KIRAN B R, KOPPERI H, VENKATA MOHAN S. Micro/nano-plastics occurrence, identification, risk analysis and mitigation: Challenges and perspectives[J]. Reviews in Environmental Science and Biotechnology, 2022, 21(1): 169-203.

[89] ZHANG Z Q, CUI Q L, CHEN L, et al. A critical review of microplastics in the soil-plant system: Distribution, uptake, phytotoxicity and prevention[J]. Journal of Hazardous Materials, 2022, 424 (Pt. D): 127750.

[90] REN Z F, GUI X Y, XU X Y, et al. Microplastics in the soil-groundwater environment: Aging, migration, and co-transport of contaminants-A critical review[J]. Journal of Hazardous Materials, 2021, 419: 126455.

第3章　土壤污染修复技术

1　物理修复技术

1.1　土壤置换

土壤置换技术是指用干净的土壤置换或部分置换受污染的土壤，以稀释污染物浓度，增加土壤环境容量，从而修复土壤的技术[1]。土壤置换技术包括客土法、换土法和深耕翻土法，主要用于受重金属污染的土壤。客土法是在被污染土壤上覆盖非污染土壤或将非污染土壤与表层污染土壤混匀，使污染物浓度降低的技术。客土量是应用该技术时首先要考虑的问题，客土量越大，修复效果越好，但成本相应增加，通常认为客土厚度达到15~30cm即可取得较好的效果。客土法使用的非污染土壤性质要尽量与原土保持一致，且最好有机质含量较高、黏性稍强，以增加土壤的缓冲容量，在满足农作物生长需求的同时增强土壤净化能力[2,3]。换土法是将表土的一部分全部移走后换上新的非污染土壤的技术。该技术可有效隔离污染土壤和生态系统，从而减少重金属对环境的影响，但工程量大。该技术需要对所换出的土壤进行妥善处理以防二次污染[2,3,4]。深耕翻土法是采用深耕将上下土层翻动混合使表层土壤重金属含量降低的技术。它使表层土壤的污染物扩散到深层土壤，从而使其稀释并自然降解，因此只适用于土层深厚且深层土壤未受到重金属污染或重金属污染程度较轻的土壤。此外，在对原生土壤进行翻耕时，该技术在很大程度上破坏了土壤的原有结构，这会造成土壤肥力下降，不利于作物生长，所以深翻耕后宜进行配套施肥，以满足农作物生长需要[2,3,5-7]。

土壤置换技术不受土壤类型的限制，且具有高效、彻底、稳定的优点，在某些情况下，可以帮助减轻有害物质对环境的影响。1984年之前，土壤置换是污染场地修复最常用的方法之一。很多土壤置换修复项目证实了客土法可以显著改善土壤质量和土壤生产力[8]。Douay等[9]通过客土法降低了土壤中重金属浓度，在该土壤中种植的萝卜叶中的镉从26.2mg/kg降至2.97mg/kg(干重)，铅从41.2mg/kg降至8.37mg/kg(干重)。然而，该技术工程量大、投资高，如今已不太常见。随着研究的深入，发现在实施客土法后，重金属从污染土壤中向上迁移。这可能是由于污染土壤中一些重金属在修复后的土壤中被润湿激活，并随着土壤中水分的毛细作用迁移到清洁土壤的上层[10]。虽然在表土中添加夹层可防止重金属迁移，但需要高昂的土壤运输人工成本。此外，这类技术治标不治本，为避免二次污染，还要对污染根源及污染传播途径加以控制，因此只适用于小面积污染土壤的修复[6,11,12]。

1.2 土壤气相抽提

土壤气相抽提(SVE)也称“土壤通风”或“真空抽提”，是一种能有效减少吸附在土壤不饱和区域中挥发性有机物(VOCs)和半挥发性有机物(SVOCs)浓度的技术。该技术在污染区域内抽气，强制新鲜空气流经污染区域，将VOCs和SVOCs从土壤中解吸至气相并引至地面上处理。SVE技术早期主要用于汽油等非水相液体的去除，目前在有机污染物及挥发性农药污染等不含有非水相流体(NAPL)的土壤体系中得到了广泛推广[13-15]。

VOCs在土壤中主要有4种存在形式：气相、溶解相、NAPL相、吸附相。气相是指污染物挥发进入气体的部分；溶解相是指污染物溶于水的部分；NAPL相是指污染物以液态形式存在于土壤孔隙中的部分；吸附相是指污染物吸附在土壤颗粒上的部分。NAPL进入土壤后，部分进入水中，同时有部分挥发进入气相中，而在气相中的污染物蒸汽处于饱和状态。SVE开始后，土壤孔隙中的空气被抽出，气相中污染物浓度降低，NAPL相、吸附相和溶解相的污染物不断向气相转移，污染物以气体为载体逐渐被去除。在SVE修复初期，污染物主要以NAPL相存在，NAPL相对气相的相间传质起主导作用，尾气中污染物浓度较高。随着SVE进程的推进，NAPL相消失后，只有溶解相和吸附相向气相发生转移，尾气中污染物浓度会急剧降低并维持在一个较低水平，产生“拖尾”效应[14]。

SVE技术成本相对低廉，与污染物浓度及其分布、土壤的渗透性和各向异质性、修复目标等因素有关。整个费用中，尾气处理费用约占总费用的50%，因而采取经济、高效的尾气处理方法可大幅降低成本。该技术修复效率高，可在短时间内(几个月到2年)去除均匀土壤中的大量挥发性污染物，且处理土壤量较大、对土壤的扰动较小，空气流动还能刺激需氧微生物生长，进一步提高有机污染物的生物降解速率。此外，SVE技术还有许多应用优势，它在现场和中试规模试验上的性能优良、设备简单易得且易于移动安装、对现场的干扰较小、与其他技术的兼容性强，可用于大型场地的修复，也可用于狭小场地的修复，还具有回收再利用废弃物的潜在价值[13,14,18-20]。

在很多工程实例中，SVE技术的适用性受到污染物的挥发性、土壤的种类结构等因素限制。它主要用于挥发性较强的有机污染物处理，且要求土壤质地均

一、渗透性好、孔隙率大、含水率小，地下水位也较低。此外，SVE 只能用于处理不饱和土壤区域，且单独使用很难使去除率超过 90%。针对 SVE 技术在实际应用中遇到的各类难题，人们在其基础上改进结合了其他修复原理以强化抽提修复效果。空气喷射 SVE 技术将 SVE 的应用范围拓展到对饱和区土壤和地下水有机污染的修复。它将一定压力的新鲜空气喷射到被污染的饱和区域土壤中，挥发、解吸出的有机污染物被气流带至不饱和区，再通过 SVE 系统去除。生物强化 SVE 技术，即生物通风技术，是 SVE 与生物降解的有效结合。它将 SVE 的应用范围拓展到半挥发性和不挥发性有机污染物，并有效克服了修复过程中出现的拖尾效应，缩短了修复周期，但对污染物的生物降解性有要求。该技术通过向土壤不饱和区注入空气(或氧气)、添加营养物(氮和磷酸盐等)和投加高效降解菌来促进微生物的好氧降解作用，从而达到去除有机物的目的。热强化 SVE 技术大大提高了不饱和区土壤半挥发性有机污染物及不挥发性有机污染物的去除效率。该技术通过向土壤输入热量来提高土壤温度，加强对重质 DNPL 组分的去除。根据加热方式的不同，主要分为蒸汽/热空气注射、电阻加热、热传导加热和电磁波加热等。SVE 联合水力和高压气体压裂技术针对土壤致密结构导致的 SVE 抽提效果不佳等问题，将高压水或者高压气用注射剂进行注射，在土壤中形成新的气体通道，从而让土壤透气性得到提升，使污染物与载气之间的接触概率进一步增加，实现抽提效率的全面提升。多相抽提技术综合了 SVE 和地下水抽出处理技术的特点，能够同时处理地下水、包气带及含水层土壤中的污染物。该技术通过向抽提井施加一定的真空度，从与抽提井相连的地下包气带、毛细水带和保水带中同时抽提出污染的气体和液体(通常包括土壤气体、地下水和 NAPL)并进行处理，从而达到原位修复污染地块的目的。然而，不论使用何种 SVE 技术都必须对抽提出的气体进行处理，这部分的费用较高，且需要大气排污许可证才能将处理后的气体排入大气中[14,15,18,21-25]。

1.3 热脱附

热脱附技术首先在真空或通入载气的条件下，通过直接加热或间接加热，将土壤中的挥发性/半挥发性目标污染物加热到合适的温度，从而将目标污染物从受污染的土壤中分离出来；然后，在尾气处理系统中去除或回收热脱附尾气。理论上，热脱附是一种以挥发和解吸为主要机制的去除污染物的物理修复技术，但在实际过程中，提高温度和大气中的氧含量可能会导致热解、降解和氧化等反应发生[26]。

根据去除污染物的理论温度，热脱附可分为低温热脱附和高温热脱附。边界温度不清楚，通常在 300~350℃。前者适用于处理汽油、苯等低沸点挥发性有机污染物；后者适用于处理高沸点的半挥发性有机污染物（如 PAHs、PCBs）或无机物（如 Hg）[26]。

按照处理场所的不同，通常将热脱附分为原位热脱附和异位热脱附。原位热脱附根据传热方式和能量转换的不同，又可分为电阻加热、热传导加热、电磁波加热、蒸汽/热气注入等类型，适合处理挥发性有机物、半挥发性有机物、多环芳烃、农药、多氯联苯等污染土壤；异位热脱附根据加热方式的不同可分为直接热脱附和间接热脱附，适合处理有机污染土壤和 Hg 污染土壤。

热脱附作为一种非燃烧技术，具有许多优点。热脱附可处理不同类型的污染物，包括土壤中大多数挥发性和半挥发性污染物（如 PAHs、PCBs、DDTs 、TPH 等）及 Hg。采用热脱附处理时，可通过技术的选择和搭配实现有机污染物从土壤中脱附，后续又可通过二次燃烧或浓缩等方式实现污染物的彻底去除或回收，因此处理得比较彻底。热脱附的降解和氧化率低，可实现有价值污染物回收。它对土壤的破坏较小，使得土壤也可回收利用。此外，热脱附用于处理多氯联苯等卤代有机化合物时，在一定程度上减少了高毒性二次污染物二噁英（PCDD/Fs）的产生。热脱附处理周期短、效率高、安全性高，且工艺比较稳定，设备可以移动，这使其成为适用于处理突发性有机污染环境事故（如意外泄漏和倾倒造成的突发性土壤污染）的技术方案[26,27]。

虽然热脱附对多种污染物污染的土壤都具有良好的修复效果，但它不适用于处理被有机腐蚀剂、无机物和活性物质（如活性氧化剂和还原剂）污染的土壤。由于热脱附技术需要进行电能转换或者燃烧天然气等燃料，因而与固化/稳定化、原位化学氧化、气相抽提等技术相比，其成本和能耗都会相应地增加。该技术也不适合处理土壤含水率高或者地下水补给速率快的污染场地，否则会使大量的热量用于水的蒸发，导致能耗大大增加。热脱附还存在二次污染问题。异位热脱附技术需要进行土壤的清挖和运输，在此过程中可能有污染气体扩散，同时，还会产生噪声、扬尘、粉尘等新污染源。原位热脱附技术在多相抽提过程中，可能会因为尾气收集运输系统烦琐而存在大量的接缝处，密封不严时，导致污染气体外泄，造成二次污染。热脱附系统复杂而庞大，异位热脱附系统除脱附系统外，还包括送料系统、尾气处理系统，同时还有辅助的监控系统、前处理系统。而原位热脱附处理系统也存在废气/废水等后续处理单元较多的问题，这使得单元设备在拼接时可能出现不匹配的现象，特别是对于不同设备生产厂家制造的单元设备[26,27]。因此，选用高质量的修复装备是保证修复效果达标的重要因素。

1.4 水泥窑协同处置

水泥窑协同处置技术通过挖掘、运输将场地污染土壤转运至水泥窑厂，利用水泥回转窑内的高温、气体长时间停留、热容量大、热稳定性好、碱性环境、无废渣排放等特点，在生产水泥熟料的同时，焚烧固化处理污染土壤。污染土壤从窑尾烟气室进入水泥回转窑，窑内最高温度可达到1800℃，在水泥窑的高温条件下，有机污染物彻底分解，转化为 CO_2 和 H_2O，重金属污染物则全部固熔在水泥熟料的晶格中，不再逸出或析出，从而能够实现重金属的固化/稳定化处理[28,29]。

水泥窑协同处置技术可将污染土壤中的有机成分彻底分解去除，无机成分晶格化固定到水泥成品中，污染物处置彻底，能够实现污染土壤处置的"减量化、无害化、资源化"要求。此外，水泥窑内属于碱性氛围，酸性气体和二噁英等得到有效抑制，且不会产生废渣等二次污染。水泥生产过程受污染土壤性质和成分的影响较小，因此该技术能够用于较多类型的污染土壤，具有较高的适用性。采用水泥窑协同处置技术修复污染土壤时，处置量较大，成本较低。而在处理设施方面，将污染地块附近的现有水泥厂稍加改造后即可使用，新增投资额较小[30-32]。

然而，运用水泥窑协同处置技术处置污染土壤时，土壤矿物成分必须满足水泥制造的要求。该技术处置污染土的能力和种类受水泥窑系统限制，污染土投加量一般低于水泥熟料量的4%，污染土也会对水泥品质和窑况产生影响，系统处置能力和稳定性不高。处理过后，土壤的生态功能将完全丧失，不能直接利用[32-34]。

1.5 物理分离

物理分离技术是指借助物理手段将污染物从土壤胶体上分离开的异位修复技术。它主要用于修复污染土壤中的无机污染物，最适用于处理小范围受重金属污染的土壤。物理分离技术包括粒径分离(筛分)、水力分离、密度(重力)分离、脱水分离、泡沫浮选分离和磁分离等技术，但具体选用哪种技术要根据土壤介质及污染物的物理特征来确定[35,36]。

大多数物理分离修复技术都具有设备简单、费用低廉、可持续高产出等优点，但它们也存在很多局限性，限制其广泛应用。物理分离技术单独应用时的修复效果较差，一般不能完全达到土壤修复的要求。该技术要求污染物具有较高的浓度并存在于具有不同物理特性的相介质中，否则会影响修复效果。物理分离后，还需要对固体基质中的细粒径部分和废液中的污染物进行再处理。此外，在对不同技术的具体应用过程中也存在一些问题。筛分易堵塞或损坏筛子，处理干污染物时还会产生粉尘而带来二次污染；水力分离和重力分离不适合处理黏粒、粉粒和腐殖质大量存在的土壤；磁分离处理费用高[36]。

1.6 阻隔

阻隔技术是将污染土壤或经过治理后的介质置于防渗阻隔填埋场内，或者通过敷设阻隔层阻断场地中污染物迁移扩散的途径，使污染场地与四周环境隔离的技术。该技术避免污染物与人体接触和随着降水或地下水迁移而对人体和周围环境造成危害。根据阻隔系统所在位置的不同，该技术可分为覆盖阻隔技术、垂直阻隔技术和水平阻隔技术。覆盖阻隔技术的阻隔系统在地面或污染土壤或固体废物层上，能防止污染物及其介质以固态或气态形式与周围环境接触。垂直阻隔技术的阻隔系统沿污染源周边构筑在地面以下并垂直于地面，能防止污染物及其渗滤液的水平迁移或污染源外部地表水、地下水的渗入。水平阻隔技术的阻隔系统在污染源下部，它既可以是天然的、连续的低透水层，也可以是用防渗材料铺设的人工阻隔层，能防止污染物向地下迁移扩散[37]。

土壤阻隔技术早在20世纪80年代初期就已经开始应用，相对成熟，可处理的污染物种类多，包括重金属、有机物及重金属有机物复合污染物。该技术的使用较为灵活，可以根据场地的地质和水文条件，对水平和竖向围封技术进行单独或组合使用。然而，阻隔技术不能彻底消除污染物，它只能将污染主体暂时局限于一小块区域且不再影响周边土壤和地下水，彻底去除需要结合其他修复技术。此外，阻隔技术的应用范围有限，不适用于处理水溶性强或渗透率高的污染物、地质活动较活跃以及地下水水位较高的污染土壤区域[37-39]。

1.7 冻结修复

冻结修复技术是利用冻结使土壤孔隙水结冰而去除污染物，原有污染物位置被纯水替代，从而实现污染土壤修复的技术。严格来讲，这种技术并不属于治理技术，只能作为防止重金属污染物扩散或其他治理技术的辅助方法使用。目前，该技术仅用于重金属污染土壤的修复。它有两种思路：一是通过冻结修复技术使重金属封存在土壤中，避免其迁移造成污染，即冻结屏障技术；二是通过冻结改善土壤结构，再联合其他技术降低/驱散土壤中的重金属[40,41]。

冻结修复技术的修复过程只向地层输入“冷量”，属于绿色修复技术，无二次污染。其中冻结屏障具有良好的抗渗性、高强度性、耐腐蚀性、抗辐射性等性能，含有对污染物吸附能力强的矿物成分，且对环境影响很小；从长远看，它还能显著降低污染物的释出速度，具有长期稳定性，极具发展前景。然而，冻结修复技术在治理污染的实际应用中还非常有限，其研究工作刚刚起步，主要停留在理论和试验方面。冻结屏障在不同国家得到了一定程度的应用，但该技术如果采用人工主动冻结法构建，封闭污染源则是一项长期的工作，会消耗极大的能源，目前还是作为污染物的临时处理手段；采用自然冻结屏障，其在全球变暖的环境下的长期稳定性和对污染物的封存效果还有待研究[40]。

1.8 超声修复

超声波是指频率大于人类听力上限(>20kHz)的听不见的声波。根据超声波的频率及用途，可将其分为低频超声(或常规超声)、中频超声(或声化学效应)和高频超声(诊断超声)。低频超声(20~80kHz)可促进物理效应，而高频超声(150~2000kHz)会在水或泥浆相中形成 HO · 自由基，导致化学效应。超声修复技术是利用超声波去除土壤中污染物的技术。超声波通常不作为独立技术应用，而是与其他几种技术相结合，以强化传统方法的修复效果[42,43]。

超声波修复重金属主要利用其机械效应。超声波产生的空化气泡崩溃时，会发出冲击波，该冲击波使土壤颗粒破裂。此外，超声波振动可通过毛细作用穿透土壤颗粒内部，因此在其作用下，土壤颗粒不仅会尺寸减小，还会相互分离，土壤孔隙度增加，重金属的浸出和去除得以加强[19,42]。

超声波处理有机污染物有两种作用：一是由于热点会物理破坏污染物与土壤颗粒之间的键，微射流会使长链碳氢化合物裂解，介质孔隙中的声涡流会产生微束，以及颗粒表面的撞击，超声波可以帮助有机污染物解吸。二是声空化作用中微泡坍塌会产生局部的超高温和高压，而某些污染物在该压力和温度的作用下会发生热解，因此超声波可以帮助破坏有机污染物。高温高压不仅会使污染物热解，也会使水热解，而水热解产生的 · OH 为进一步氧化污染物提供了条件[42-44]。

超声波修复技术的优点如下：它具有修复从重金属到有机污染物污染土壤的潜在能力，甚至可用于降解稳定的对环境具有持久性的污染物，如多氯联苯、多环芳烃等。超声波工艺几乎不使用化学物质来消除系统中的其他有害化学物质，不产生副产物，环境影响低，因此是一项绿色的修复技术。使用超声波修复技术时，还能同时实现现场加热和强烈搅拌，增强传热和传质过程，因此修复效率高[19,43,45]。

超声波修复技术的缺点是设备成本高，产生声波的能耗高，现场实施困难。在相同条件下，超声处理的能量需求几乎是机械搅拌消耗电能的三倍。因此，该技术不能轻易用于大规模工商业[19,45]。

2 化学修复技术

2.1 土壤淋洗

土壤淋洗技术是一种利用水或其他淋洗剂，通过螯合、沉淀等物理及化学作用使污染物脱离土壤颗粒表面转移至淋洗液混合液相中，再对含污染物的混合液相进行处置的土壤修复技术。按处置位置，可将其分为原位土壤淋洗技术和异位土壤淋洗技术。前者通常在原地采用喷淋或漫灌的方式将淋洗剂导入土壤，后者将污染土壤开挖预处理后投入淋洗系统与淋洗剂充分混合[46]。

土壤淋洗技术通过向土壤中注入特定的淋洗剂，再利用重力和水力压头，推动淋洗液通过土壤，将土壤中的污染物质溶解并分离出来，从而达到修复土壤的目的。该技术主要有两种去除土壤中污染物的方式：一是化学层面，使污染物与淋洗液结合，并通过可能发生的解吸、螯合、溶解或固定等化学反应，从而将污染带离去除；二是物理层面，利用淋洗剂冲洗，带走土壤中的污染物[47]。

土壤淋洗技术的适用范围广，可有效处理的污染物包括重金属、放射性核素、氰化物、石油及其裂解产物、VOCs和农药等，且不受污染浓度的限制。该技术使用方式很灵活，可通过在同一片污染区域内添加不同的淋洗剂，同时、快速处理多种污染物，对复合污染场地修复效果好。此外，土壤淋洗技术过程简单且见效快，能将污染物从土壤中彻底清除，修复效果具有永久性，特别是对放射性核素和重金属等无机污染物的修复。该技术可在总量上减少重金属污染并带离场地，故不需要对修复地块进行长期监测。在土壤淋洗过程中少有有害化学物质释放到空气中，淋洗剂回收处理后可重复利用，修复后的土壤也可再利用。土壤淋洗技术在应用上也十分灵活，既可单独应用，又可作为其他修复方法的前期处理技术；既可原位进行又可异位处理，异位修复还可进行现场修复或离场修复[47-49]。

土壤淋洗技术的使用受土壤质地的限制较大，当场地土壤中黏壤土含量大于30%时，由于其渗透性不强，导致淋洗剂不能与污染物充分混合，淋洗效果不佳。此时需要在处理工艺上多加一步针对土壤质地的处理，如破碎、水力旋流、添加特殊淋洗药剂等，这会导致处理成本增加。一部分淋洗剂可能会引起土壤pH值改变以及土壤肥力下降；淋洗剂具有生物降解性差的特点，在使用时可能会对土壤中的植物和微生物造成较大的毒害，因此土壤的质地和肥力也会受到影响；去除效率较高的淋洗剂价格都比较昂贵，经济效益较低，难以用于大面积的实际修复。原位淋洗过程中如果操作不恰当，可能会对地下水造成二次污染，增加处理成本；异位淋洗技术本身就具有成本高、工程占用空间大的劣势。土壤淋洗过程会产生大量淋洗废液，需对其进行无害化处理及回用，但目前淋洗剂回收仍存在难度，导致运行成本增加。此外，实际工程中污染场地的土壤性质、污染程度各不相同，土壤污染具有复杂性、多样性及复合性等特点，因此很难研发出一种可以适用于所有污染土壤的淋洗技术[46-49]。

2.2 电动修复

电动修复技术是一种在电场作用下迁移、分离和去除土壤和沉积物中污染物的技术。该技术早期主要用于泥沙脱水和地基加固，目前，它已广泛用于去除多种污染物，包括 Cu、Pb、Zn、Cd 等重金属，菲、三氯生、苯胺、苯酚等有机污染物，氟、硝酸盐、磷等盐类污染物及铀等放射性污染物[50]。

电动修复技术的原理类似于原电池，即向插入土壤中的电极通入直流电，水溶的或者吸附在土壤颗粒表面的污染物在电场力的作用下，通过各种电动效应向电极区移动，使污染物富集在电极区附近，并最终通过电镀、共沉淀、抽取电极附近的污染水，以及使用离子交换树脂等处理方式集中处理或者分离达到污染治理的目的。电动效应包括电解反应、电渗析、电迁移、电泳、扩散等[51]。

电动修复技术方法简单且安全性高，在修复期间操作人员及附近的人不会接触到污染物。由于不需要投入化学药剂，电动修复过程不易产生二次污染，对环境的影响较小。此外，电动修复技术可在许多污染环境和条件下使用。对于黏土和包气带内非均质土壤沉积物等低渗透性土壤来说，其他技术或处理效果差，或处理价格昂贵，但电动修复技术特别适用于处理这类土壤。该技术还适合去除多种污染物，如金属和类金属、有机化合物和放射性核素或这些污染物的组合等。电动修复技术的灵活性强，既可作为原位处理系统或非原位处理系统单独使用，也可很容易地与生物修复等传统修复技术相结合。与其他热修复技术相比，电动修复技术只需很低的电能，因此它的总成本更低，成本效益很高。根据土壤类型和其他特定场地条件，其总成本为 20~225 美元/m^3[52,53]。

然而，电动修复技术受限于电场建立及影响控制能力，在大规模、大体量污染土壤的修复应用中具有一定局限性。此外，它不适用于渗透性高、传导性差及含水率低的土壤。对于 pH 值和碳酸盐含量较高的土壤，该技术需要消耗大量的酸，从而增加成本。不均一的实际场地土壤会显著影响电流迁移和电渗析流的产生，使得污染物去除也出现不均一性，从而直接影响污染物的去除效率和电能消耗。电动修复技术还会造成土壤 pH 值的突变，如不加以控制将使修复效率下降。电动修复过程中还会出现不可避免的极化问题，主要包括活化极化、电阻极化和浓差极化，其会降低电流，影响修复效果。活化极化是指电极反应产生的气体(阳极氧气和阴极氢气)附着在电极表面而增加电阻，减小土壤区域的有效电位梯度。电阻极化是指电动修复过程中阴极电极表面附着一层惰性白色膜，从而降低电极的导电性能。浓差极化是指由于电动修复过程中 H^+ 向阴极迁移的速率和 OH^- 向阳极迁移的速率总是小于离子在电极上放电的速率，从而引起电极表面的离子浓度小于周围溶液中的离子浓度。电动修复技术较弱的污染物解吸能力，对非极性有机污染物较低的去除效率，以及污染物本身较差的溶解性等因素，也限制其实际应用[53-55]。

2.3 化学氧化还原

氧化还原技术是向土壤中投加氧化剂或还原剂，二者在土壤中发生氧化或还原反应，将污染物降解为低毒、低移动性的物质，进而实现土壤的修复治理。它的处理场所可以是原位或异位。在原位修复中，该技术既可通过将试剂注入地下污染区等方式来主动实现，也可通过在污染顺梯度处放置可渗透反应墙等方式来被动实现。其中，化学氧化技术主要处理有机物，如石油烃、苯系物、酚类、甲基叔丁基醚(MTBE)、含氯有机溶剂、PAHs、农药等大部分有机物，也适用于高价态情况下生物毒性小的重金属，如 As、Cd。常用的氧化剂包括 Fenton 试剂、过硫酸盐、过氧化氢、高锰酸盐和臭氧等，主要涉及高级氧化过程。化学还原技术可用于处理含有氯、硝基等易被还原官能团的有机物、还原后流动性变差的金属氧阴离子以及硝酸盐、高氯酸盐等非金属无机物，常用的还原剂为含铁类还原剂(Fe^0、纳米零价铁和亚铁类还原剂)、还原性硫化物(H_2S、Fe_{Sx}、硫代硫酸盐等)及一些具有还原活性的有机物[56-63]。

化学氧化技术对不同土质和污染物的应用范围很广。它对污染物的性质和浓度不敏感，尤其对某些难以用其他办法处理的有机物有着良好的处理效果。由于化学反应速度快、反应强度大，运用该技术处理土壤时修复时间较短。此外，化学氧化反应只产生 H_2O、CO_2 等无害的反应物，对环境的二次风险低。氧化反应还能释放大量的热量，使一些反应物挥发，易于气体的集中处理[66,67]。然而，运用化学氧化技术处理土壤对环境存在潜在的影响。氧化修复虽然能去除污染物，但同时也可能会产生有毒中间产物或副产物，如臭氧化过程中会产生甲醛，从而对人体或植物产生毒害作用。过硫酸盐、H_2O_2 以及臭氧氧化体系均会使土壤酸化，影响植物的呼吸作用。在过硫酸盐体系修复土壤时，氧化处理可能导致重金属变得更具毒性和流动性。氧化处理还可能对土壤中的微生物活动产生负面影响。如过硫酸盐体系修复后，高水平的硫酸盐会刺激硫酸盐还原菌，从而导致有毒 H_2S 产生，进而对土壤中微生物群落的数量和多样性产生负面影响；如果使用 $KMnO_4$，微生物可能会被其杀死。微生物种群一旦被影响，其恢复需要很长时间。用于处理污染物的氧化剂都是非选择性的，其会与土壤中存在的大多数有机物发生反应，因此，含有高浓度天然有机碳的土壤可能表现出较高的氧化剂需求。此外，使用化学氧化技术，还存在氧化剂稳定性差、高锰酸盐还原产生的 MnO_2 沉淀会堵塞土壤毛细管等缺点[59,64,66]。

与化学氧化技术类似，化学还原技术也有处理效果好、反应速率快等优点。化学还原处理工艺范围从温和到非常剧烈均有，因此适用于各种污染物。在许多情况下，可通过影响自然生物地质化学条件，使其变得更有利于污染物去除来实现化学还原修复土壤，这种方法通常实现也更简单。此外，化学还原技术中使用的还原剂很多本来就存在于土壤中，其本身及反应后的产物普遍无毒或低毒，在土壤中反应活性相对较低，不易与土壤中的其他物质发生副反应，因此该技术的应用基本不会改变土壤本身的物理化学性质和生态构造，二次污染小[62,68]。然而，在原位化学还原中，由于含水层的不均匀性和非水相液体位移的风险，如何将还原剂以流体形式有效地输送到污染区域是一项挑战，实施该工艺必须考虑这一问题。化学还原处理会刺激或抑制其他过程，在设计处理系统时要将其考虑在内，特别是生物降解。在许多原位化学还原活动中，生物降解是重要方面(主要或次要作用)。还原剂的寿命也是化学还原需要考虑的一个重要因素。添加的化学还原剂的使用寿命可能相对较短，在短时间内必须实现污染物处理目标，或者必须创造充分的还原条件，以使在添加的还原剂耗尽后，污染物能继续降解[62]。

2.4 等离子体修复

等离子体修复技术是高级氧化技术之一，主要用于修复土壤中的有机污染物。等离子体是由原子核与电子组成物质存在的第四态，当原子核周围的电子能量足够高时，电子就会摆脱原子核的束缚成为自由电子，这时物质的状态就叫等离子体。等离子体分为高温等离子体和低温等离子体两种类型。其中，高温等离子体是指离子体中的重粒子和电子温度很高(5000~20000K)，且重粒子与电子的温度相差不大。常见的高温等离子体有太阳等离子体、核聚变、激光聚变等。低温等离子体是指离子体中的重粒子温度很低，虽然电子温度很高，但整体呈低温状态。低温等离子体一般由高压电击穿气体所得，自然界中的极光就是一种低温等离子体，土壤修复中所用的也是低温等离子体[69]。

低温等离子体降解有机污染物的原理主要是粒子非弹性碰撞和活性物质氧化。低温等离子体富含高能电子、自由基、离子等。一方面，高能电子与载气在放电空间中的非弹性碰撞将电子能量转化为载气分子的内能，激发、电离和解离载气分子，产生强氧化活性物质。此外，高能电子可以直接与污染物分子碰撞，使污染物在激发态被激活，甚至解离。另一方面，高能电子碰撞产生的活性物质攻击污染物，使其氧化降解。放电除产生高能电子碰撞产生的活性物质外，还会产生紫外线辐射、高温热解、冲击波等作用，有助于有机污染物降解。简言之，低温等离子体利用放电产生的物理化学作用处理有机污染物，使其在短时间内降解。有机污染物受到物理和化学作用后，发生开环、断键等反应，逐渐降解为小分子，最终分解为 CO_2 和水分子[70]。低温等离子体的整体气体温度可低至室温，大大降低了能源成本，并促进了许多在正常条件下不利热力学的反应。此外，通过使用不同的等离子体源或气体，可以针对不同的应用情况对离子体进行改性[71]。

等离子体修复技术具有化学反应活性高、对不同浓度的各种污染物适用性广、工艺启停快、效率高、对预处理工艺要求低、无二次污染等优点，前景广阔，但作为一种新兴技术，它的成本过高，且存在一些技术问题，限制其实际应用[71]。

2.5 光催化

光催化材料利用光子的能量来催化化学反应。半导体的能带是不连续的，价带和导带之间存在一个禁带，用能量等于或大于禁带宽度的光照射半导体时，价带上的电子被激发，越过禁带进入导带，同时在价带上相应地产生空穴，形成光生载流子(光生电子-光生空穴)。光生载流子若在复合之前将其转移至表面，则电子被表面分子所吸收并被还原；同时，空穴可以催化表面的氧化反应。空穴具有极强的获取电子的能力，能使吸附表面的 H_2O 和 O_2反应生成具有超强氧化性的 · OH(羟基自由基)，可以破坏有机物中的 C—C、C—H、C—O、C—N、N—H 键，将许多难降解的有机物完全矿化成 H_2O、CO_2、PO_4^{3-}、SO_4^{2-}、NO_3^-、卤素离子等无机小分子，从而达到消除污染物的目的。光催化修复土壤中重金属的原理主要是依靠光催化作用来还原重金属离子。从理论上讲，任何一种金属离子，只要其还原电位比半导体催化剂的导带边正，就有可能从导带上得到激发电子而发生还原反应[72]。

光催化技术能在正常环境条件(常温、常压)下去除污染物，反应进程快速高效，易于操作，价格相对不高且无二次污染问题，具有巨大的潜在应用价值，但其自身的缺点制约其发展，如土壤自身的理化性质影响其光降解速度；土壤的一部分颗粒会阻挡光源的照射，使光源只能覆盖到土壤表面，故此类方法只能消除土壤表层的污染物，更深层次的污染物无法用该方法来去除[73]。

2.6 溶剂萃取

溶剂萃取是一种分离技术，它利用溶质在两种互不相溶或部分互溶的溶剂之间分配性质的不同，来实现液体混合物的分离或提纯。土壤的溶剂萃取技术，属于液-固相萃取的范畴，是一种异位土壤修复技术，可有效去除疏水性有机污染物。该技术是向土壤中加入某种溶剂，利用污染物在某些溶剂中的溶解性，将可溶解的污染组分溶解使其进入溶液相，从而实现污染物与土壤分离[74,75]。

溶剂萃取过程中的传质机理包括以下步骤：溶剂通过液膜到达土壤颗粒表面；到达土壤颗粒表面的溶剂通过扩散进入土壤颗粒内部；溶质溶解进入溶剂；

溶入溶剂的溶质通过土壤孔隙中的溶液扩散至土壤颗粒表面；溶质经液膜传递到液相主体。一般情况下，溶质或者溶剂在孔隙中的扩散是传质阻力的控制步骤，因此，随着萃取进行，萃取速率将越来越慢[74]。

溶剂萃取技术特别适合去除有害有机污染物，如PCBs、杀虫剂、除草剂、PAHs、焦油、石油等。这些污染物通常都不溶于水，且牢固地吸附在土壤及沉积物和污泥中，一般方法难以修复，而通过选择合适溶剂的溶剂萃取能有效溶解并将其去除。溶剂萃取技术具有修复效率高、速度快、操作简单等优点，通常在常温或低温下进行，因此能耗也较低，其额外的机械搅拌还会加快传热和传质过程，进一步促进污染物的去除。它还是一项可持续的修复技术，使用的溶剂可以重复利用，且由于萃取过程中不会破坏污染物的结构，污染物也可得到最大化的利用[19,74-76]。

溶剂萃取技术的缺点如下：使用过的溶剂若残留在土壤中，可能会对人类和环境产生危害，带来二次污染；在使用表面活性剂/溶剂修复土壤时，表面活性剂/溶剂可能吸附到土壤颗粒中，降低其浓度，从而降低修复效率。此外，溶剂萃取技术会消耗大量溶剂，因此运行成本较高。对于含水率较高的土壤，溶剂不能与之充分接触，需要增加前处理的费用，使成本进一步增加。目前该技术还缺少有效而环保的溶剂及合适的溶剂回收再生设备，这些也限制了该技术的广泛应用[19,76]。

2.7 固化/稳定化

固化/稳定化技术是指通过将固化/稳定化材料与受污染土壤混合，运用物理或化学的方法将土壤中的污染物固定，或者将污染物转化成化学性质不活泼的形态，进而阻止污染物在土壤环境中迁移、扩散等过程，从而降低土壤中污染物的毒害程度的修复技术。它可分为原位固化/稳定化技术和异位固化/稳定化技术，既能处理无机污染物，又能处理有机污染物。无机污染物主要为重金属污染物（砷、镉、铬、铜、铅、汞、镍、硒、锑、铀、锌等），有机污染物主要有杀虫剂、除草剂、石油、多环芳烃、挥发性有机污染物、多氯联苯和二噁英/呋喃等[77]。

固化/稳定化技术通过黏结剂和添加剂对目标介质中污染物的吸附、络合和螯合等作用，使污染物固定在固体块中，同时稳定污染物的化学性质。它包含固化和稳定化两层含义。其中固化是物理过程，指将惰性材料与污染物完全混合，得到结构完整、具有一定尺寸和机械强度的固化产物的过程。固化技术通过吸附、拦截等作用将污染物控制在颗粒固化体内，以降低污染物在土壤环境中的迁移性，进而降低其环境风险，污染土壤和黏结剂之间可以不发生化学反应。稳定化包括物理过程与化学过程，指利用物理吸附及化学添加剂等将污染物转化为低毒性、低溶解性或低迁移性惰性物质的过程。稳定化技术通过吸附、沉淀或共沉淀、离子交换等作用改变污染物在土壤中的存在形态，从而降低其溶解迁移性、浸出毒性和生物有效性，污染土壤的物理性状不一定发生改变。虽然固化和稳定化的定义有所不同，但是固化/稳定化材料通常能够同时起到固化和稳定化污染物的作用，因此两种技术合二为一统称为固化/稳定化技术[77,78]。

固化/稳定化技术具有诸多优点，因此在污染土壤修复领域获得了很大程度的应用。它既能用于原位修复，又能用于异位修复。它能够处理多种无机污染物、部分有机污染物和难处理的混合污染物，包括难降解污染物(如重金属、二噁英等)；甚至能处理非水相液体。固化/稳定化修复时经常采用简单、快速、现成的设备和材料，且设备占地面积相对较小、工艺操作简单、药剂易得、价格低廉。污染土壤的固化/稳定化修复能在相对较短的时间内完成，见效快。修复在干湿条件下均适用，减少了脱水和固废处置问题。修复后，土壤的物理性质通常能够得到改善，如强度增加、渗透性降低，有利于土壤的资源化利用[77,79]。

然而，固化/稳定化技术也存在不足。大部分固化/稳定化技术不能破坏或移除污染物，它只是暂时降低了土壤的毒性，并未削减污染物总量。此外，固化/稳定化修复效果的长期稳定性不确定，它在应用过程中的影响因素较多，当外界条件改变时，污染物有可能重新释放出来造成二次污染，因此需要对系统进行长期监管。固化/稳定化技术在工程实施前，需要去除土壤中的碎石或地下障碍物；在修复过程中，很难做到使污染物与黏结剂混合均匀，而混合不均匀会影响修复效果；用该技术处理后，材料的总体体积可能会增加。对于挥发性有机污染物或Cr(Ⅵ)等，水泥基材料的修复效果不好。目前，土壤修复技术正在朝全面修复各种污染物的方向发展，虽然目前土壤的原位固化/稳定化技术的修复效果良好，但会抑制未来更全面的修复，还会改变地下水流动等场地特征[77,79]。

2.8 可渗透反应墙

可渗透反应墙(PRB)技术是20世纪90年代发展起来的一种新型污染场地的原位修复技术，是一种将溶解的污染物从污染水体中去除的钝性处理技术，主要用于处理苯系物、石油烃、氯化烃、重金属和放射性物质等[80]。

PRB技术通过在地下安装活性材料墙体以拦截污染羽状体，使污染羽状体通过反应介质后，污染物能转化为环境接受的另一种形式从而实现使污染物浓度达到环境标准的目标。当重金属沿地下水水流方向进入PRB处理系统，在具有较低渗透性化学活性物质的作用下，发生沉淀反应、吸附反应、催化还原反应或催化氧化反应，使得污染物转化为低活性物质或降解为无毒的成分。根据反应原理，PRB 技术可划分为生物反应墙、铁反应墙、活性炭吸附反应墙。现阶段，常用的土壤修复 PRB 技术主要有纳米铁微粒反应墙和电动生物反应墙[37,80,81]。

PRB 技术用于污染场地修复具有其他修复技术无法比拟的优势。该技术具有多种反应介质和灵活的结构选择，可针对不同污染场地选择最优的反应介质和系统结构，应用场景十分广泛[82]。作为一种土壤和地下水的原位修复技术，该技术成本低廉、反应介质耐消耗、运行稳定性高、污染物去除效率高，尤其对大面积非敏感用地的污染场地、有机蒸汽入侵的污染场地以及突发性环境污染事件修复效果显著[83]。此外，PRB 修复系统具有一定的渗透性，不会对地下水流动产生干扰，也不会对场地土壤产生二次污染，环境风险较低。

在修复污染土壤时，PRB 技术也存在一些不足。该技术的应用深度有限，目前还仅用于浅层污染土壤(3~12m)的修复。它不能保证完全按处理要求拦截和捕获所有扩散出的污染物，且外界环境条件的变化可能导致污染物重新活化。吸附作用类介质去除高浓度污染物时，需要考虑去除能量和容量，以及可能产生的副反应从而生成毒性更大的副产物。化学沉淀类吸附介质随着使用时间的增加，沉淀物质的堆积日益严重，很容易堵塞孔隙，影响系统运行。PRB 的安装还会受到实际场地的限制[36,80,82]。

2.9 机械化学修复

机械化学是指各种凝聚态物质在机械力的作用下发生物理化学或化学变化。机械化学修复技术是指污染土壤在研磨体(一般为球体)不断碰撞、研磨、冲击或剪切等作用下，获得大量机械能，引发固态反应，从而去除污染物的技术。下面将以球磨技术为例，具体介绍机械化学修复技术[83,84]。

持续球磨使得土壤成分发生转变，同时增强了土壤成分稳定重金属的能力，主要包括两种机制[85]。第一，土壤颗粒经球磨粉碎后形成的新表面具有丰富的电子，具有极强的化学活性，从而引发化学反应以吸附重金属污染物。第二，污染土壤中的重金属通过表面配位被土壤颗粒吸附。松散的土壤在球磨后形成了结构紧凑的稳定聚集体。同时，球磨导致土壤颗粒破碎，不断形成晶体缺陷和部分非晶化，在晶界结构处产生过多的自由体积。土壤颗粒被粉碎到微米级后，具有较高的表面能，在范德华黏附力和静电相互作用的影响下形成团聚体。这些聚集体将金属截留在颗粒之间。此外，重金属络合物扩散到土壤颗粒的结晶网中，从而增强了金属的固定化。

球磨可以提高土壤中黏土成分对有机污染物的吸附能力。在球磨初始阶段有机污染物开始减少的过程中，物理吸附起主要作用。球磨的有效性取决于球磨工具(通常是球)的反复冲击。它们可以增加黏土颗粒的比表面积，并使土壤颗粒和有机分子充分接触。疏水性有机化合物和黏土主要通过弱相互作用(范德华型)结合到黏土外表面，亲水性分子则形成内球面表面络合物(通过氢键与黏土矿物层间空间中的氧原子结合)。在机械化学的作用下，黏土矿物分层使其比表面积增大，从而获得更多的吸附位点(表面的断裂键)；其晶体结构也会产生局部缺陷，吸附能力得以提高[84]。

土壤中的氧化物包括碱土金属、类金属和过渡金属，在球磨过程中，这些金属会被活化。球磨导致类金属氧化物中晶体结构缺陷的积累、非晶体和晶体颗粒破碎，同时发生共价键均裂，并在其表面产生大量未成对电子。生成的自由基和自由电子特别活跃，它们通过攻击有机污染物上的 C—X 键启动污染物降解反应。碱土金属也会通过机械化学作用活化，并在晶体中形成反应位点(氧空位)。在经过球磨过程积累足够多的能量后，卤素原子与有机分子分离，同时产生有机自由基和氧自由基。大多数卤素最终被捕获在氧化物的表面晶格中，并伴随着卤化物的产生。而脱卤后的有机部分会通过拼接、缩合和脱氢等反应形成高分子量无机碳(石墨和非晶碳)，最终实现有机污染物的完全矿化[84]。

机械化学修复技术的主要优点是环保。研磨在适当的温度和压力下以固相(无溶剂)进行。在某些过程中，可使用原始基质(如未改性的污染土壤)或惰性材料(如石英砂)进行反应，或者也可单独或组合使用碱土金属氧化物和金属等辅助试剂。最终产品是精细研磨的无机混合物，污染物通常被还原为 C、CO_2、H_2O 和无机卤化物，对环境无害。研磨机是相对简单的设备，可以用多种材料以多种方式制造。反应条件温和且不涉及危险试剂，若发生机械故障不会造成重大的环境风险，并且可以根据需要开始或停止该工艺。该技术的工艺流程少，对溶剂、气体和温度无要求，操作简便。理论上讲，机械化学修复技术可用于同时处理有机污染物和无机污染物，且处理效果好，具有市场上其他修复技术没有的优势[84-86]。

机械化学修复技术的主要缺点是成本高，拥有 19t/h 产能的修复设施成本高达几百万美元。对于球磨技术，行星式球磨机通过公转提高了能量密度，但其能量利用率较低，机械能无法有效传递。对于大规模应用，行星式球磨机的研磨罐由于体积和质量的增加必然导致能耗升高。此外，行星式球磨机利用旋转产生的惯性力来驱动研磨球，但与重力相切的向心力会成为重力势能的一部分被浪费掉，因此其可能不适合工业化应用。在使用球磨技术修复土壤时，也存在环境风险。由于球磨运行时内部冲击力极强，容易引起局部高温，在研磨球与土壤的碰撞点，温度远大于罐内温度，可能达到 1000K。在对持久性有机污染物进行球磨机大规模处理时，需要仔细评估产生二噁英及其前体物质(如多氯联苯和多溴联苯醚)的风险。当受污染土壤中存在二噁英前体时，球磨机内的局部高温可能会促使 PXDD/Fs 形成。由于球磨过程中温度的影响(约 300℃)以及研磨球和罐中含有的大量铁元素(PXDD/Fs 催化剂)，这类剧毒物质很容易形成。因此，需要采取其他措施以避免产生 PXDD/Fs[84,86]。

3 生物修复技术

3.1 微生物修复

微生物修复主要利用自然界中的微生物或者人工驯化的具有特殊功能的微生物，在特定环境要求下，通过自身的代谢活动，将土壤中含有的污染物质进行有效转化、降解和去除，从而恢复土壤原有机能的一种技术。它既可用于修复有机污染土壤，也可用于修复重金属污染土壤。按修复土壤的位置，可将其分为原位微生物修复和异位微生物修复。

土壤微生物可将土壤中大部分有机污染物进行降解和转化，使其毒性降低或者完全无害化。微生物降解有机污染物主要依靠两种作用方式：一是通过微生物分泌的胞外酶降解；二是将污染物吸收至微生物细胞内后，由胞内酶降解。在此过程中可能涉及的反应类型包括氧化作用、还原作用、基团转移作用、水解作用，以及酯化、缩合、氨化、乙酰化等其他作用。微生物修复重金属污染土壤的作用机制可分为三种：生物吸附与富集作用、生物转化作用和生物溶解与沉淀作用。

相对于部分物理、化学修复技术只对污染物进行转运和分离来说，微生物修复能降解或消除污染物，且二次污染少。由于微生物具有分布广、种类多、繁殖快、适应性强和易变异等特点，可以从自然界中找到或人工培养出针对各类污染物的微生物品种，这使得微生物修复的成本较低、作用范围很广，特别适合修复大面积污染区域。微生物修复只需将功能微生物投入污染土壤，设备简单，操作也十分便捷。土壤中本就存在大量的微生物，其中自养微生物可将无机物转化成有机物、增加土壤有机质，还有一些微生物可将土壤中难溶的矿质养分溶解，提高矿质养分的可利用水平，因此使用微生物修复不但不会破坏土壤结构，还会改善土壤肥力，有利于污染土壤的复用[87-89]。

微生物修复目前还存在一些问题限制了其实际应用。由于功能微生物的数量有限，修复污染物的速率也有限，因此使用微生物修复治理污染土壤的时间相对较长。大量环境因子会对微生物修复的速率和程度产生影响，但其影响机理还未研究彻底，导致该技术在使用过程中有很多不确定性且难以调控。微生物遗传稳定性差、易发生变异，一般不能将污染物全部去除，多数情况下去除率也不如其他方法。在实际应用过程中，土壤中的污染物形态种类各异且可能并不稳定，但特定的微生物只能降解特定化学物质，一旦化合物状态有所改变，就可能不会被同一微生物酶所降解，从而影响修复效果。由于污染物浓度过高对微生物产生毒害作用，导致修复效果下降，所以微生物修复不适用于处理重污染土壤。微生物对重金属的吸附和累积容量有限，限制了其修复速率，土著微生物也会与其竞争，从而进一步削弱其修复能力。微生物体内吸收的污染物可能会因其新陈代谢或死亡等原因又释放到环境中，带来二次污染[87]。

3.2 植物修复

植物修复是利用植物吸收、转移或转化污染物，减少污染物对生态环境和人体健康危害的一种绿色、有效的技术。植物修复的主要标的是受重金属、有机污染物甚至放射性元素污染的土壤、水和沉积物。通过植物的吸收、挥发、降解和稳定，可去除或固定土壤或水中的污染物，净化环境。因此，植物修复是一种极具发展前景的绿色环保技术[90]。土壤的植物修复主要包括植物提取、植物降解、植物挥发、植物稳定、根际降解和植物脱盐 6 种机制。有机污染物可通过植物降解、植物挥发、植物稳定和根际降解等方法去除，而重金属等无机污染物可通过植物提取、植物稳定和植物挥发等方法去除[91]。

与物理和化学技术相比，植物修复措施是生态友好的。其优点主要包括在污染物积累和去除方面有效性好、成本低、适用于不同的污染物且环境友好。绿色植物重金属修复技术的另一个优点是能够将重金属离子还原到最低水平。将植物修复用于选定的有毒有害场所的修复时，能避开污染物的挖掘和运输过程，从而降低污染物扩散的风险。植物修复是一种从环境介质中去除污染物的低成本方法。它更适合于污染程度中等的大型场地，同时不需要特定的处置场地。对于含有有害污染物的垃圾场，特别是在工业化地区，植物修复非常经济，可减少重金属通过地下水运移。该方法可用于处理各种有毒金属和环境污染物。植物修复技术可替代传统的修复技术，保护土壤中的生物成分免受破坏。与目前采用的技术相比，植物修复可大幅降低修复成本，通过改善土壤生态系统来改良土壤质量。此外，该技术还能收集富含金属的可回收植物残渣。植物修复在去除污染物的同时可产生生物质，而生物质可以生物能源的形式发生转化[92]。

然而，植物修复技术的有效性仅限于超富集植物。附着在土壤表面的污染物，大多数是不可浸出的。若要通过植物修复去除这些污染物，需要使它们与植物的根部接触。尽管可通过标准的农业生产活动或用受污染的水灌溉植物来实现，但这种活动可能产生具有潜在威胁的污染物。植物修复是一个漫长而耗时的过程，如修复垃圾场可能需要几年甚至更长的时间。植物提取后产生的生物质属于有害废物，且野生动物食用受污染的植物会造成食物链中的生物积累。此外，在污染严重的地区保留植被是一项巨大的挑战，因为污染物可能进入食物链，将对人类健康构成更大的威胁。植物的修复效率受到它们缓慢的生长速度和某些植物低生物质产生量的限制，特别是超富集植物。受污染的土壤通常还缺乏大量营养素，这限制了植物生长，从而减慢了修复过程[91]。此外，污染土壤中的微生物种群在多样性和丰度上都不断减少。若受污染土壤不含有适合污染物有效降解的微生物，植物修复技术的有效性则被限制。

3.3 动物修复

动物修复是在人工控制或自然条件下利用土壤动物及其肠道微生物，在污染土壤中生长、繁殖、穿插等活动过程中对污染物进行破碎、分解、消化和富集的作用，从而使污染物降低或消除的一种生物修复技术。该技术既能用于修复有机物污染的土壤，又能用于修复重金属污染的土壤。在动物修复技术中较为常见的是蚯蚓，利用蚯蚓及其生命周期(包括摄食、挖洞、分泌、代谢，以及它们与土壤中其他生物和非生物因子的相互作用)来积累、提取、转化和降解土壤污染物的技术，被称为蚯蚓修复[92,93]。下面将以蚯蚓修复为例，具体介绍动物修复。

蚯蚓修复有机污染物的机制可分为间接作用和直接作用。其间接作用主要是通过促进蚯蚓肠道内和污染土壤中微生物和酶的活性来实现的。蚯蚓肠道中藏匿着数百万生物降解微生物，在污染土壤通过蚯蚓消化道时，大量微生物和酶沉积在其上，有助于促进有机物和污染物的生物转化、生物降解和矿化[94]。蚯蚓修复的直接作用是物理或生理的。蚯蚓通过挖洞活动起到直接物理作用。蚯蚓洞穴是水和颗粒运动及通风的输入点和首选路径。挖洞作用会使得土壤颗粒机械分解；在挖洞过程中，蚯蚓会摄取并消化大量污染土壤或有机物，而消化会显著减小土壤和污染物颗粒的大小。这二者均会增加生物作用的表面积。蚯蚓在有机污染物修复中的直接生理作用有两种：一种是在土壤孔隙水和蚯蚓体液之间污染物浓度梯度的驱动下，通过被动扩散从土壤溶液穿过蚯蚓皮肤表面直接摄入污染物；另一种是在土壤通过蚯蚓肠道时从中吸收污染物。这样摄入的污染物或被排泄出去，或在蚯蚓体内生物积累。污染物(有机或无机)的生物积累可称为蚯蚓积累[94]。

蚯蚓在重金属污染修复中有以下两个作用：第一个作用是通过自身的吸收来富集重金属，从而降低土壤重金属含量。研究认为，该作用与蚯蚓体内酶类有关，当蚯蚓处于重金属环境中时，应激酶活性上升，然后通过将重金属固定在消化道的泡囊中进行固定和分隔，同时通过体内蛋白质与重金属结合，使重金属毒性下降，以富集重金属。第二个作用是通过自身活动改善土壤中重金属的活化能力。它可通过分泌代谢产物及调控蚓触圈内的微生物的数量及活性，从而间接活化重金属，还可利用其消化管壁两侧钙腺分泌的碳酸盐和代谢过程产生的酶类、生长素及含羧基、氨基等的胶黏物质，分解、螯合、沉淀部分重金属，活化基质中的重金属[95,96]。

与其他传统技术相比，蚯蚓修复有许多优势。首先，与通常涉及土壤挖掘或化学处理的物理化学修复技术相比，使用蚯蚓修复处理污染场地时不会破坏表土，对环境的干扰最小。其次，蚯蚓活动可以增加土壤中有机质和养分含量，提高生物活性，最终改善土壤质量，提高土壤肥力。在修复土壤中的重金属时，蚯蚓可通过影响真菌群落和微生物活动增强植物提取作用；在处理土壤中的有机污染物时，蚯蚓积累比植物积累更有效。在处理有机污染物时，蚯蚓修复还会带来蚯蚓生物量增加的额外优势，这些蚯蚓生物量可用作牲畜饲料或其他途径[92,94,97]。

蚯蚓修复的局限性也很明显。首先，蚯蚓修复不能用于高度污染的土壤，只能用于不会对蚯蚓产生明显毒性作用的轻度或最多是中度污染的土壤。蚯蚓需要有利的条件才能生存，高盐含量、pH 值和高浓度污染物等不利的土壤条件可能通过改变蚯蚓的群落结构来抑制其生存和活动。蚯蚓需要足够的食物才能生存和高效工作。根据选用的蚯蚓种类，蚯蚓修复仅限于土壤的某些深度，并受其食物偏好的限制。表栖类蚯蚓生活在土壤顶层(0.1～0.3m 深)并具有特定的食物偏好，通常以存在于土壤顶层的植物残体和有机物质(碎片)为食；底栖类蚯蚓(3m 深)是植食性的；内栖类蚯蚓(0.2m 深)是土食性的。蚯蚓对气候、季节和环境条件的任何变化都很敏感，这些条件的改变可能会极大地影响蚯蚓的活动，极端高温或寒冷甚至可能会影响其生存能力，使蚯蚓修复的整体效率受到影响。蚯蚓修复需要大量的蚯蚓，密度高达 10 条/50g 土壤，而蚯蚓的繁殖率很高，每条蚯蚓每 6 个月产生 256 条，会在短时间内产生大量生物量。为了让蚯蚓在土壤中挖洞，土壤含水量必须为 8%～57%。蚯蚓是许多鸟类的食物，因此如果管理不善或处置不当，蚯蚓体内积累的污染物可能会转移到食物链中。其次，与植物修复类似，蚯蚓修复的修复周期远远长于物理化学技术的修复周期[92,94,97]。

参 考 文 献

[1] QIAN S Q，LIU Z. An overview of development in the soil-remediation technologies[J]. Chemical Industrial and Engineering Process，2000，4：10-20.

[2] 侯李云，曾希柏，张杨珠．客土改良技术及其在砷污染土壤修复中的应用展望[J]. 中国生态农业学报，2015，23 (1)：20-26.

[3] DB 45/T 2145—2020，农田土壤重金属污染修复技术规范[S].

[4] 周东美，郝秀珍，薛艳，等．污染土壤的修复技术研究进展[J]. 生态环境，2004，13 (2)：234-242.

[5] DB 13/T 2206—2020，农用地土壤重金属污染修复技术规程[S].

[6] 高培露．农田重金属污染现状及修复研究进展[J]．化工管理，2020（30）：18-19，22.
[7] YAO Z T，LI J H，XIE H H，et al. Review on remediation technologies of soil contaminated by heavy metals[J]. Procedia Environmental Sciences，2012，16：722-729.
[8] EL-RADAIDEH N，AL-TAANI A A，AL-MOMANI T，et al. Evaluating the potential of sediments in ziqlab reservoir（northwest Jordan）for soil replacement and amendment[J]. Lake Reservoir Management，2014，30：32-45.
[9] DOUAY F，ROUSSEL H，PRUVOT C，et al. Assessment of a remediation technique using the replacement of contaminated soils in kitchen gardens nearby a former lead smelter in northern France[J]. Science of the Total Environment，2008，401：29-38.
[10] JIANG Y L，RUAN X L，MA J H. Characteristics and classification management of heavy metal pollution in a polluted irrigated farmland near a battery factory in Xinxiang City[J]. Journal of Environmental Science，2020，40：645-654.
[11] 张磊，张宝锋．农田土壤重金属污染及其修复技术比较分析[J]．环境保护与循环经济，2019，39(7)：31-36.
[12] 曲智，张庆波．重金属污染土壤修复技术[J]．化工设计通讯，2019，45(10)：91，101.
[13] 孙志斌，王棨，郦和生．石化行业土壤修复技术需求分析与建议[J]．石化技术，2021，28（3）：109-111，74.
[14] 罗成成，张焕祯，毕璐莎，等．气相抽提技术修复石油类污染土壤的研究进展[J]．环境工程，2015，33(10)：158-162.
[15] 董艳萍，张爱军，王立晖．SVE 在污染场地土壤修复中的应用[J]．化工设计通讯，2021，47(12)：169-171.
[16] 杨乐巍，黄国强，李鑫钢．土壤气相抽提(SVE)技术研究进展[J]．环境保护科学，2006，32(6)：62-65.
[17] 姚佳斌，张语情，蒋尚，等．气相抽提技术在有机物污染场地中的应用[J]．节能与环保，2021（1）：69-70.
[18] KUPPUSAMY S，PALANISAMI T，MEGHARAJ M，et al. In-situ remediation approaches for the management of contaminated sites：a comprehensive overview[J]. Reviews of Environmental Contamination and Toxicology，2016，236：1-115.
[19] LIM M W，LAU E V，POH E A. Comprehensive guide of remediation technologies for oil contaminated soil-Present works and future directions[J]. Marine Pollution Bulletin，2016，109（1）：14-45.
[20] 高云泽，赵学斌，杨旭，等．土壤中挥发性有机污染物的修复技术[J]．广州化工，2017，45(13)：16-18.
[21] KHAN F I，HUSAIN T，HEJAZI R. An overview and analysis of site remediation technologies [J]. Journal of Environmental Management，2004，71(2)：95-122.
[22] 隋红，李鑫钢，黄国强，等．土壤有机污染的原位修复技术[J]．环境污染治理技术与设备，2003(8)：41-45.
[23] 李佳，曹兴涛，隋红，等．石油污染土壤修复技术研究现状与展望[J]．石油学报(石油

加工)，2017，33(5)：811-833.
[24] 张祥．有机污染场地原位多相抽提修复研究进展[J]．应用化工，2020，49(1)：207-211.
[25] 申家宁，晏井春，高卫国，等．多相抽提技术在化工污染地块修复中的应用潜力[J]．环境工程学报，2021，15(10)：3286-3296.
[26] ZHAO C，DONG Y，FENG Y P，et al. Thermal desorption for remediation of contaminated soil：A review[J]. Chemosphere，2019，221：841-855.
[27] 刘惠．污染土壤热脱附技术的应用与发展趋势[J]．环境与可持续发展，2019，44(4)：144-148.
[28] 徐玉，孙玉艳，徐铁兵．河北省水泥窑协同处置污染土壤技术应用[J]．化工管理，2021(33)：28-30.
[29] 吕明超，徐梦劼，邓一荣，等．某水泥厂地块氟化物污染土壤水泥窑协同处置工程设计与施工[J]．工程技术研究，2021，6(23)：153-155.
[30] 李银银．钢铁企业遗留场地污染土壤修复方法及水泥窑协同处置钢铁企业污染土项目环评关注要点[J]．区域治理，2021(29)：155-157.
[31] 罗玉芬．水泥窑协同处置污染土壤的应用和前景探究[J]．建材发展导向(上)，2018，16(8)：100.
[32] 李洪伟，邓一荣，刘丽丽，等．重金属污染地块风险评估及土壤修复技术筛选[J]．能源与环保，2021，43(12)：77-84.
[33] 陈慧．水泥窑协同处置污染土技术及应用探讨[J]．水泥工程，2019(1)：40-41.
[34] 郭小玲．土壤修复措施综述[J]．资源节约与环保，2021(2)：20-21.
[35] 李青，周连碧，祝怡斌．矿山土壤重金属污染修复技术综述[J]．有色金属工程，2013，3(2)：56-59.
[36] 蒋小红，喻文熙，江家华，等．污染土壤的物理/化学修复[J]．环境污染与防治，2006，28(3)：210-214.
[37] 吴亮亮，王琼，周连碧．污染场地阻隔技术应用现状概述[C]//中国环境科学学会科学技术年会．厦门，2017：411-415.
[38] 黄燕．重金属污染地块现状及土壤污染修复建议：以原江西日久电源科技有限公司区域为例[J]．能源研究与管理，2020(3)：117-121.
[39] 郑颖，赵亮，郝砚华，等．膜阻隔技术在土壤污染风险管控中应用的可行性研究[J]．环境生态学，2021，3(3)：60-64.
[40] 肖浩汉，王建州，王博．冻结技术在水土重金属污染净化与修复中的应用及进展[J]．冰川冻土，2022，44(1)：340-351.
[41] 唐旖旎，唐冰．土壤重金属污染现状及治理的研究[J]．皮革制作与环保科技，2021，2(4)：49-50.
[42] PHAM T D，SILLANPAA M. Chapter 4-Ultrasonic and electrokinetic remediation of low permeability soil contaminated with persistent organic pollutants in Advanced Water Treatment[M]. USA：Elsevier，2020：227-310.

[43] EFFENDI A J, WULANDARI M, SETIADI T. Ultrasonic application in contaminated soil remediation[J]. Current Opinion in Environmental Science & Health, 2019, 12: 66-71.

[44] LU X H, QIU W, PENG J L, et al. A review on additives-assisted ultrasound for organic pollutants degradation[J]. Journal of Hazardous Materials, 2021, 403: 123915.

[45] JING R, FUSI S, KJELLERUP B V. Remediation of polychlorinated biphenyls (PCBs) in contaminated soils and sediment: state of knowledge and perspectives [J]. Frontiers in Environmental Science, 2018, 6: 79.

[46] 陈梦巧，籍龙杰，孙静，等．重金属污染土壤淋洗技术的基础研究与工程应用进展[J]．环境污染与防治，2022，44(2)：238-243.

[47] 诸毅，徐博阳，张帆，等．土壤淋洗修复技术及其影响因素概述[J]．广东化工，2021，48(17)：147-148.

[48] 张海林，刘甜甜，李东洋，等．异位土壤淋洗修复技术应用进展分析[J]．环境保护科学，2014，40(4)：75-80.

[49] 李玉双，胡晓钧，孙铁珩，等．污染土壤淋洗修复技术研究进展[J]．生态学杂志，2011，30(3)：596-602.

[50] HAN D, WU X, LI R, et al. Critical review of electro-kinetic remediation of contaminated soils and sediments: mechanisms, performances and technologies[J]. Water, Air, & Soil Pollution, 2021, 232(8): 335.

[51] 王宇，李婷婷，魏小娜，等．污染土壤电动修复技术研究进展[J]．化学研究，2016，27(1)：34-43.

[52] MOGHADAM M J, MOAYEDI H, SADEGHI M M, et al. A review of combinations of electrokinetic applications[J]. Environmental Geochemistry and Health, 2016, 38(6): 1217-1227.

[53] 张涛，陈明功，刘宗亮．土壤电动修复技术及其研究进展[J]．现代农业科技，2016(22)：164-165.

[54] 李社锋，李先旺，朱文渊，等．污染场地土壤修复技术及其产业经营模式分析[J]．环境工程，2013，31(6)：96-99，103.

[55] 仓龙，周东美．场地环境污染的电动修复技术研究现状与趋势[J]．环境监测管理与技术，2011，23(3)：57-62.

[56] 解清杰，马新华．三氯生污染土壤的磁助电动修复[J]．江苏大学学报(自然科学版)，2018，39(1)：92-95.

[57] 胡立凯．污染土壤修复技术研究前沿与展望[J]．中国资源综合利用，2020，38(2)：118-120.

[58] FERNANDEZ RODRIGUEZ M D, GARCIA-GOMEZ M C, ALONSO-BLAZQUEZ N, et al. Soil Pollution Remediation in book: Encyclopedia of Toxicology[M]. Third Edition. USA: Elsevier Inc., 2014: 344-355.

[59] BRUSSEAU M L. Chapter 19-Soil and Groundwater Remediation in book: Environmental and Pollution Science[M]. Third Edition. USA: Academic Press, 2019: 329-354.

[60] 林雪梅，崔娟敏，孙志辉．污染场地的治理[J]．内蒙古石油化工，2021，47(1)：50-51，57.
[61] 江文琛．重金属污染场地化学氧化还原修复技术适用性探讨[J]．资源节约与环保，2016(4)：185，187.
[62] TRATNYEK P G，JOHNSON R L，LOWRY G V，et al. In situ chemical reduction for source remediation，in book：Chlorinated solvent source zone remediation[M]. New York：Springer，2014：307-351.
[63] 甘志永，王海棠，刘浩．污染土壤修复技术及研究前沿与展望[J]．中国资源综合利用，2016，34(6)：46-50.
[64] ZHANG T，LIU Y Y，ZHONG S，et al. AOPs-based remediation of petroleum hydrocarbons-contaminated soils：Efficiency，influencing factors and environmentalimpacts[J]. Chemosphere，2020，246：125726.
[65] YANG Z H，ZHANG X M，JIANG Z，et al. Reductive materials for remediation of hexavalent chromium contaminated soil - A review [J]. Science of the Total Environment，2021，773：145654.
[66] 冯俊生，张俏晨．土壤原位修复技术研究与应用进展[J]．生态环境学报，2014，23(11)：1861-1867.
[67] 薛诚．污染土壤修复技术研究与发展趋势[J]．中国资源综合利用，2018，36(7)：109-111.
[68] 张峰，马烈，张芝兰，等．化学还原法在 Cr 污染土壤修复中的应用[J]．化工环保，2012，32(5)：419-423.
[69] 雷鹏程．低温等离子体技术修复有机污染土壤研究进展[J]．石油化工建设，2020，42(4)：95-99.
[70] GUO H，WANG Y W，LIAO L N，et al. Review on remediation of organic-contaminated soil by discharge plasma：Plasma types，impact factors，plasma-assisted catalysis，and indexes for remediation[J]. Chemical Engineering Journal，2022，436：135239.
[71] ZHANG H，MA D Y，QIU R L，et al. Non-thermal plasma technology for organic contaminated soil remediation：A review[J]. Chemical Engineering Journal，2017，313：157-170.
[72] 张文通，陈勇，陈超，等．纳米 TiO_2 光催化材料在环境土壤修复中的应用研究进展[J]．材料导报，2015，29(11)：49-54.
[73] 胡颖，李冠超．我国土壤污染与修复技术综述[J]．广东化工，2018，45(9)：144-145.
[74] 华正韬，李鑫钢，隋红，等．溶剂萃取法修复石油污染土壤[J]．现代化工，2013，33(8)：31-35.
[75] OSSAI I C，AHMED A，HASSAN A，et al. Remediation of soil and water contaminated with petroleum hydrocarbon：A review [J]. Environmental Technology & Innovation，2020，17：100526.
[76] 王山榕，翟亚男，王永剑，等．多环芳烃污染土壤修复技术的研究进展[J]．化工环保，2021，41(3)：247-254.

[77] 张汝壮．土壤固化/稳定化修复技术应用研究进展[J]．科技导报，2017，35(09)：81-86.

[78] 张长波，罗启仕，付融冰，等．污染土壤的固化/稳定化处理技术研究进展[J]．土壤，2009，41(1)：8-15.

[79] BONE B，BARNARD L，BOARDMAN D，et al. CASSST Review of scientific literature on the use of stabilisation /solidification for the treatment of contaminated soil，solid waste and sludges [M]. CLaIRE，2004.

[80] 褚兴飞，王殿二，顾志军．PRB 技术在污染场地治理中的应用及展望[J]．广东化工，2020，47(24)：99-100，114.

[81] 刘丽．土壤重金属污染化学修复方法研究进展[J]．安徽农业科学，2014，42 (19)：6226-6228.

[82] 窦文龙，毛巧乐，梁丽萍．可渗透反应墙的研究与发展现状[J]．四川环境，2020，39 (1)：207-214.

[83] 陈惠超，李雪，梁潇，等．机械化学方法在环境污染控制领域的应用研究进展[J]．化工进展，2021，40 (11)：6332-6346.

[84] WEI M，WANG B，CHEN M，et al. Recent advances in the treatment of contaminated soils by ball milling technology：Classification，mechanisms，and applications[J]. Journal of Cleaner Production，2022，340：130821.

[85] CAGNETTA G，ROBERTSON J，HUANG J，et al. Mechanochemical destruction of halogenated organic pollutants：A critical review[J]. Journal of Hazardous Materials，2016，313：85-102.

[86] CAGNETTA G，HUANG J，YU G. A mini-review on mechanochemical treatment of contaminated soil：From laboratory to large-scale[J]. Critical Reviews in Environmental Science and Technology，2018，48 (7/8/9)：723-771.

[87] 吴奇，刘海华，李瑞娟，等．重金属农药复合污染土壤的微生物修复进展[J]．工业催化，2021，29 (6)：10-14.

[88] 丁慧丽，张旭，朱明龙，等．有机污染物污染土壤的微 Th 物修复技术综述[C]//中国环境科学学会 2020 科学技术年会．南京，2020：757-764.

[89] 陈进斌，李林，陈建宏，等．矿山生态修复中微生物技术的应用[J]．能源与环境，2020 (4)：102-103.

[90] SHEN X，DAI M，YANG J W，et al. A critical review on the phytoremediation of heavy metals from environment：Performance and challenges [J] . Chemosphere，2022，291 (Pt 3)：132979.

[91] PARVEEN S，BHAT I U H，KHANAM Z，RAK A E，et al. Phytoremediation：In situ alternative for pollutant removal from contaminated natural media：A brief review[J]. Biointerface Research in Applied Chemistry，2021，12(4)：4945-4960.

[92] JAVED F，HASHMI I. Vermiremediation-Remediation of soil contaminated with oil using earthworm (Eisenia fetida)[J]. Soil and Sediment Contamination：An International Journal，2021，30 (6)：639-662.

[93] 刘军，刘春生，纪洋，等．土壤动物修复技术作用的机理及展望[J]. 山东农业大学学报（自然科学版），2009，40（2）：313-316.

[94] DADA E O，AKINOLA M O，OWA S O，et al. Efficacy of vermiremediation to remove contaminants from soil[J]. Journal of Health and Pollution，2021，11（29）：210302.

[95] 徐艳，邓富玲．土壤动物在土壤污染修复中的应用[J]. 现代农业科技，2018（23）：192，197.

[96] 姚巍．蚯蚓对土壤污染的修复作用[J]. 陕西林业科技，2018，46(5)：105-108，114.

[97] ZEB A，LI S，WU J N，et al. Insights into the mechanisms underlying the remediation potential of earthworms in contaminated soil：A critical review of research progress and prospects[J]. Science of the Total Environment，2020，740：140145.

第4章　土壤淋洗技术

1　背景

随着社会的发展，采矿、冶炼、战争和军事演练、电子工业、化石燃料消耗、废物处理、农用化学品使用和灌溉等成为导致土壤重金属污染的主要原因[1]。在这些行业中，对土壤中重金属积累丰度值影响较大的依次为采矿、冶炼和冶金，化工和石化，纺织，皮革和非金属矿物，特别是水泥行业[2]。污染土壤中常见的重金属有砷(As)、铜(Cu)、镉(Cd)、钴(Co)、铬(Cr)、铅(Pb)、锌(Zn)、镍(Ni)、锰(Mn)、汞(Hg)，其中As、Pb、Hg、Cd、Cr毒性更强。尽管As是一种非金属元素，但由于其毒性与重金属相近，将其归入重金属一并考虑。除重金属外，有机污染物(如石油烃、多环芳烃)和放射性污染物也是土壤中重要的污染物质。土壤是陆地环境中有机污染物的主要汇，也是其挥发、沉积和降解过程的最重要介质[3]。大多数土壤污染物都具有不可生物降解性、毒性、持久性和在食物链中的生物累积性，是环境中的优先污染物[4]，因此必须对受其污染的场地进行修复。

重金属污染场地的传统修复方法为对被污染的土壤进行挖掘，然后通过固化/稳定化技术固定金属污染物，最后将处理过的土壤在许可的垃圾填埋场进行填埋或直接现场处理[5,6]。然而，固化/稳定化作为补救措施，并不是永久性的环境问题解决方案，因为：①重金属未从受污染的介质中去除；②需要长期对重金属进行现场监测；③固化/稳定化产物的寿命问题；④固化/稳定化产物的长期管理以填埋为基础，需要盖土以防止侵蚀。因此，很有必要推广能从土壤中有效去除金属的土壤处理技术。土壤淋洗采用物理工艺或化学工艺，是为数不多的能永久地将重金属与土壤分离的方法之一；而针对有机物污染的土壤主要采用化学淋洗工艺。土壤淋洗工艺相对成熟，在我国土壤修复实践中应用较多。本章将详细阐述土壤淋洗技术的分类、特征、应用，以及相关装备及工程案例。

2　技术分类

2.1　按处理位置分类

2.1.1　异位土壤淋洗

从处理的位置来看，土壤淋洗可分为异位土壤淋洗和原位土壤淋洗。异位土壤淋洗为物理和/或化学工艺，旨在有效去除土壤中的污染物。异位土壤淋洗可通过以下三种方式进行：物理分离、化学提取和物理分离后化学提取[7]。物理分离旨在将污染最严重的颗粒从大块土壤中分离出来，从而减少待处理污染土壤的体积。在这个阶段，用水冲洗土壤可以使粗颗粒与被污染的细颗粒分离。化学提取是基于用淋洗液（化学试剂）溶解污染物并将它们从土壤颗粒转移到淋洗液中[8]。一般情况下，基于物理分离和化学提取的异位土壤淋洗包括以下 6 个步骤：

（1）预处理（去除土壤中过大的物质）；

（2）在淋洗装置中分离粗粒和细粒土壤颗粒（粗粒土壤通常使用滚筒筛等进行机械筛分，而细粒土壤则使用水力旋流器或其他方法进行分选）；

（3）粗粒处理（通常 >0.05mm 的粗粒土壤颗粒可能未受污染或受污染程度较低，因此可以使用表面研磨或水洗处理）；

（4）细粒处理（通常 <0.05mm 的细小土壤颗粒受到高度污染，因此应使用合适的化学试剂在超声或机械搅拌下淋洗）；

（5）土壤淋洗液处理（先对淋洗后的淋洗液进行处理，再进行必要的回用或排放）；

（6）残留物管理（残留物指处理过的土壤及土壤淋洗过程中产生的分散细颗粒污泥；若残留物仍被认定为污染物，则可能需要在处置前进一步处理）。

目前已经开发了许多不同的土壤淋洗系统，但由于土壤或污染物位置的特定限制，淋洗系统可能因场地而异。图 4-1 为某土壤淋洗系统示例。

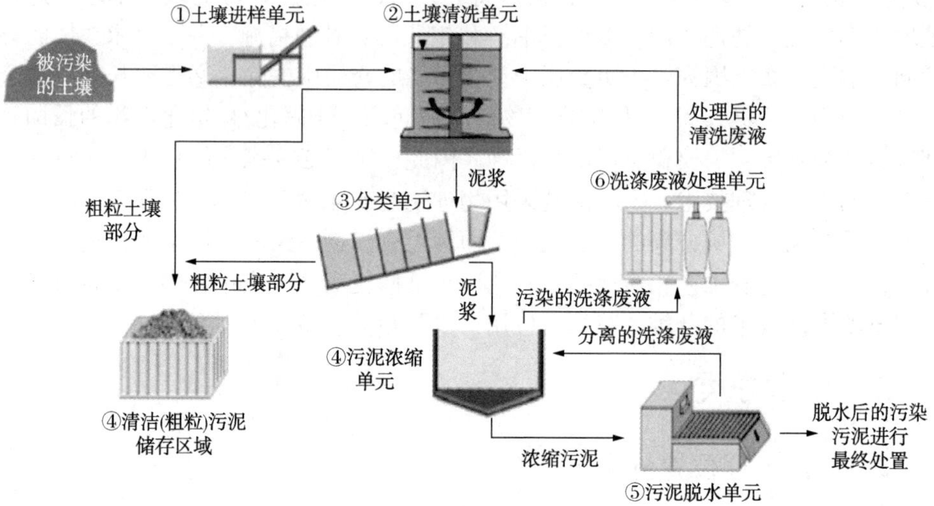

图 4-1　某土壤淋洗系统示例

2.1.2 原位土壤淋洗

与异位土壤淋洗不同，原位土壤淋洗使用注入/再循环系统原位处理土壤(见图4-2)。该工艺将注入井和抽取井钻入地下污染物区域，且必须具备可移动的或现场建造的淋洗废液处理系统[9]。当污染物存在于地下浅层时，淋洗液通过注入井或通过渗透过程用泵引入土壤，流过污染区域时，通过增溶或化学作用使土壤污染物移动。最后，将含有污染物的淋洗液及地下水通过抽提井泵出，提至地表进行处置、再循环或现场处理和回注[10-12]。原位土壤淋洗最适合处理渗透系数高的土壤[7]。传统的原位淋洗技术依赖于泵与处理系统的输送、流量控制和淋洗液回收能力[13]。与泵出再处理相同，水淋洗的有效性可能受到污染物溶解度、限速解吸(如污染物从固相解吸到水相时很缓慢)、低渗透区存在以及其他地下异质性的限制。化学强化淋洗液通常可以定向去除顽固的污染物，可先通过小试研究确定该方法的可行性；然而，在实施中未考虑的地下异质性仍然会限制淋洗修复效果。

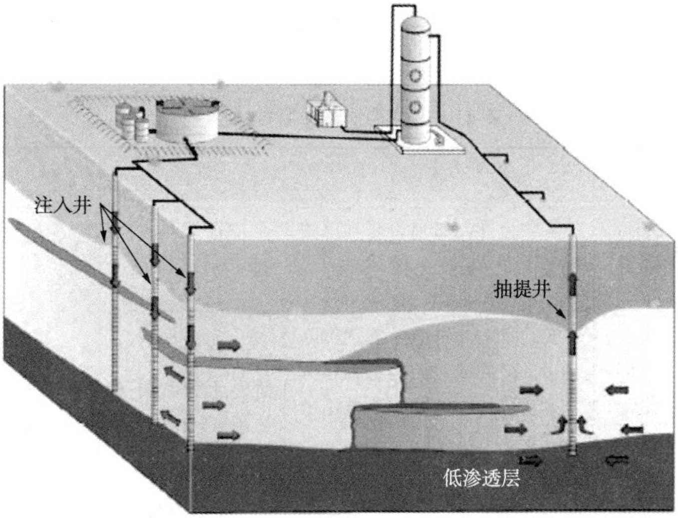

图4-2 原位土壤淋洗修复概念设计(编引自NFESC Report[14])

淋洗液可以是水、酸性溶液、碱性溶液、螯合剂或络合剂、还原剂、助溶剂或表面活性剂。水可以提取水溶性(亲水性)或水流动性成分；酸性溶液可用于去除金属有机物或碱性有机物，碱性溶液可用于去除某些金属，如锌、锡或铅，以及某些酚类物质；螯合剂、络合剂和还原剂可用于回收金属；助溶剂通常可混溶，从而有效去除某些有机物；表面活性剂可助于去除疏水性有机物。淋洗液加热有助于有机污染物的迁移[15,16]。原位土壤淋洗的修复时间根据淋洗技术、污染物类型和特定场地特征(如污染区域的大小及其地质化学特征)有所不同。化学强化淋洗是一种相对激进的技术，可以相当快地实现修复目标，从几个月到几年[16]，而水淋洗的时间从则几个月到若干年。当土壤层内存在异质渗透性较差的土壤($<10^{-5}$ cm/s)或有机质时，淋洗过程可能会减慢[17]。

2.2　按处理机理分类

从处理机理来看，土壤淋洗可分为物理淋洗、化学淋洗及物理和化学淋洗组合。原位淋洗由于受场地及处理方式的限制，淋洗方式也受到局限。以下部分以异位土壤淋洗为基础，从淋洗机理角度介绍土壤淋洗的方式。

2.2.1　物理分离技术

物理分离一般应用于淋洗受重金属污染的土壤。这种方法通常用于采矿和矿物加工业，与从矿石中提取含金属颗粒的技术类似。矿物加工技术成熟，实施相对简单，操作通常成本较低，所涉及的设备和工艺在文献中有着翔实的描述。在土壤修复的背景下，根据分离原理不同，表 4-1 列举了主要技术类别。涉及的工艺单元有机械筛分、水力分级、重力浓缩、泡沫浮选、磁分离、静电分离、摩擦洗涤等。

表 4-1　物理分离主要技术类别

工艺单元	基本原理	过程阐述及主要目标	评价	典型技术
机械筛分	基于颗粒大小分离	利用尺寸排阻通过物理屏障筛选出合适的处理尺寸	广泛采用，微孔筛易损坏	振动铁栅筛；桶式滚筒筛；振动筛或旋转筛
水力分级	基于沉降速度分离	流体动力学分级，利用沉降速度的差异或离心力将颗粒分离到水流中，这些方法常用于分离大小不同的颗粒	广泛采用，处理黏土和含腐殖质土壤较困难	水力旋流器；射流器；机械分级机(螺旋分级机)
重力浓缩	基于颗粒密度分离	将水和土壤混合浆液(相对较高的固体含量)中的高密度矿物或颗粒从低密度矿物或颗粒中分离出来	广泛采用，处理黏土和含腐殖质土壤较困难	螺旋浓缩器；振动台；跳汰机；Mozley 多重力分离器；重介质分离器
泡沫浮选	基于颗粒表面疏水特性分离	利用颗粒表面疏水特性的差异，通过附着在注入浆液(低固体含量)中的气泡上将某些矿物质从土壤中分离出来	广泛采用，需要化学添加剂	池中或柱中浮选(搅拌或非搅拌系统)
磁分离	基于颗粒磁性分离	利用矿物颗粒磁化率的差异进行分离	中度采用，高投资和运营成本	使用高强度或低强度的干式或湿式分离器

续表

工艺单元	基本原理	过程阐述及主要目标	评价	典型技术
静电分离	基于颗粒导电特性分离	利用被分离颗粒表面电导率的差异进行分离	很少采用，物料必须完全干燥	静电和电动分离器
摩擦洗涤	颗粒之间的机械洗涤	通过对土壤浆液(高含固率)进行高能搅拌来去除颗粒表面的涂层并分散土壤团聚体	广泛采用，改善分离过程的预处理	各种类型的洗涤器

1. 物理分离的适用性和局限性

物理分离技术主要适用于颗粒形式的金属，即离散颗粒或含金属颗粒，不适用于处理吸附形式的金属，尽管摩擦洗涤可以显著改善化学浸出过程中的金属解吸。了解矿物相中重金属的解离度对于预测土壤颗粒物理分离方法的适用性具有重要意义[18,23]。解离度取决于金属污染物颗粒的矿物学性质(形状、形态和矿物联结)。解离度是指“金属相”从“承载相”或土壤颗粒的各种联结中释放的性能。“金属相”是指金属存在的矿物形式。“承载相”是指可以与“金属相”联结的另一种矿物相(铁氧化物、碳酸盐、硅酸盐等)。图4-3为金属相(颗粒形态)的各种潜在状态。

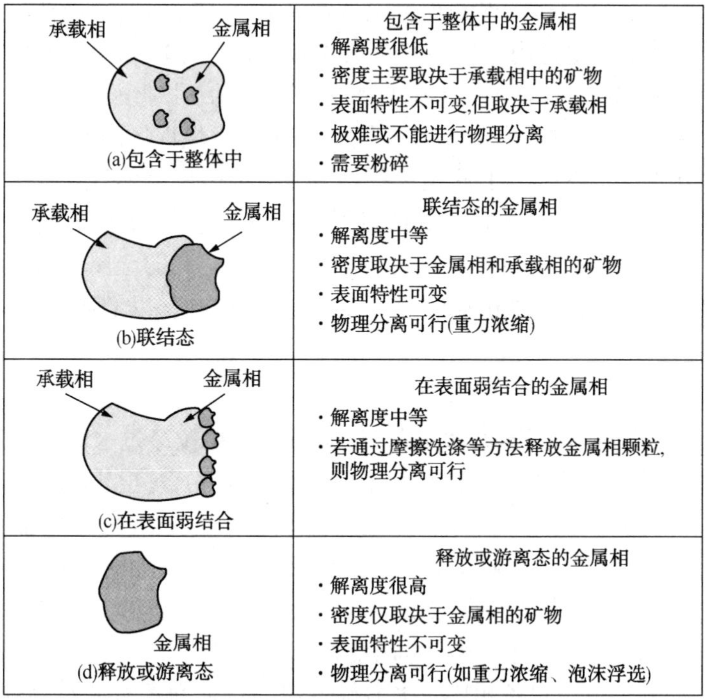

图4-3 根据颗粒态金属相的解离度进行物理分离的适用性

物理分离的效率取决于土壤的多种特性，如粒度分布、颗粒形状、黏土含量、含水量、腐殖质含量、土壤基质的异质性、土壤基质与金属污染物之间的密度差、磁特性和颗粒表面的疏水性[24,25]。对于以下情况，物理分离处理很难或不可行：①金属污染物与土壤颗粒结合力很强；②含金属颗粒与土壤基质的密度或表面性质差异不显著；③金属的化学形态高度可变；④金属存在于受污染土壤的所有粒级中；⑤土壤中粉土/黏土含量为 30%～50%；⑥土壤中腐殖质含量高；⑦土壤中含有高黏度的有机化合物。

进料粒度是影响物理分离技术适用性的最重要参数之一，因为污染土壤包含的粒度范围通常很广，而物理分离仅对特定的粒度范围有较好的处理效果。一般来说，大多数水力分级机和重力浓缩器对沙粒(63～2000μm)有很好的适用性，标准重力浓缩器(跳汰机、振动台和螺旋浓缩器)通常不适用于细颗粒(<63μm)。根据技术的不同，细颗粒的占比将是一个限制因素。物理分离主要适合于处理含沙量为 50%～70%的土壤，在这个范围内它可获得较好的成本效益[26,27]。然而，摩擦洗涤(可通过化学添加剂增效)和湿式筛分或水力旋流器相结合的工艺可用于修复细粒基质，如沉积物[28]。另外，泡沫浮选对于处理相对细小的颗粒(20～63μm)可能更有效。

物理分离技术的选择在很大程度上取决于待处理的土壤和场地类型。一方面，物理分离技术主要适用于位于城市或工业区的“人工”土壤(如棕地、采矿/冶炼场的废弃物/尾渣/矿渣)，这些土壤受人类活动(工业人工制品、垃圾填埋场等)的影响很大，通常由有毒废物和自然/人为垃圾填埋场的混合物组成。另一方面，物理分离技术不适用于处理受扩散污染影响的“天然”土壤或农业土壤，因为在这些土壤中：①金属主要以吸附形式存在；②金属浓度水平相对较低；③通常含有大量的粉土/黏土和有机物。由于土壤中存在的金属大多是吸附形式，而不是离散颗粒，因此物理分离通常与化学提取相结合，以增强金属去除率。

2. 技术类别

(1) 水力分级

流体动力学分级，也称为“水力分级”，是根据颗粒穿过水流的速度(包括沉降、淘析和流化)分离颗粒或通过离心力将颗粒分离至水流中(水力旋流器)[25,26]，其主要目标是按颗粒大小进行分离。水力分级主要包括三类技术：①基于离心的技术，如水力旋流器；②基于淘析的技术，如淘析柱、流化床分级机等；③机械分级机，如螺旋分级机。水力旋流器广泛应用于土壤淋洗过程中，以将细土与较大的沙粒分离。离心力比重力更大，因此，实现分离的操作时间显著减少[23]。与其他分级设备相比，水力旋流器的投资和运行成本也较低[25]。基于淘析的螺旋分级机和水力分级机也可应用在土壤修复中[16,23,29]。

（2）重力浓缩

重力浓缩技术利用浆液中颗粒的重力差异将含金属颗粒与土壤基质分离。尽管沉降与颗粒的密度、大小、形状和质量均有关系，但密度是关键因素。在处理具有较宽尺寸分布或较窄密度分布的颗粒时，重力浓缩技术的效率较低[25]。Gosselin 等[23]指出，密度差必须大于 $1g/cm^3$ 才能使含金属颗粒充分分离。密度分离的有效性可以用塔加特的“浓度标准”来估算[24]。在分离过程中，重力浓缩器（如跳汰机、振动台和螺旋浓缩器）会受到粒度的影响[24]。因此，在进行重力浓缩前，必须将待处理的土壤按颗粒大小进行分类。如果土壤和污染物颗粒之间的密度差异很大，那么重力浓缩技术特别适用于颗粒分离。对于重介质分离器、矿物跳汰机、螺旋浓缩器、振动台和 Mozley 多重力分离器，重力浓缩器的处理能力分别为 10~500t/h、25t/h、4t/h 和 5t/h[23]。

最常见的用于大规模土壤处理的重力浓缩器是跳汰机、振动台和螺旋分离器。矿物跳汰机通常用于处理粗沙（800~2000μm）或砾石（2000~6000μm），而振动台和螺旋分离器更适合处理细沙到中/粗沙（63 ~ 2000μm）。粉土/黏土（<63μm）和非常细的沙（63~125μm）可用 Mozley 多重力分离器处理。Bergeron[29]报道了加拿大蒙特利尔棕地土壤修复项目长期试验的结果：①使用两级串联跳汰机可从 1700 ~ 6400μm 粒级中去除 75%的铜（初始土壤中铜浓度为 823μg/g）；②使用螺旋分离器可从 106~1700μm 粒级中去除 54%的铜（初始土壤中铜浓度为 1025μg/g）；③使用 Mozley 多重力分离器可从<106μm 粒级中去除 47%的铜（初始土壤中铜浓度为 924μg/g）。

由于铅是一种密度大的元素，重力浓缩技术可用于修复被颗粒态铅污染的土壤（如铅基旧油漆残余物、电池制造/回收场地和冶炼/采矿场地）。使用跳汰机进行密度分离是从小型武器射击场中去除铅的较成熟的方法，其中铅主要以废弃子弹的形式存在。

（3）泡沫浮选

泡沫浮选是一种物理化学技术，它利用疏水特性的差异将含金属颗粒从土壤基质中分离出来。分离原理是基于颗粒疏水表面对注入土壤浆液中气泡的亲和力，其分离过程包括三个步骤：①将所需的含金属颗粒附着到气泡上；②气泡聚集在泡沫部分；③去除漂浮在浆液上方的泡沫部分。通过使用表面活性剂（捕收剂）使含金属颗粒表面变得疏水。泡沫浮选在矿物工业中应用广泛，金属硫化物比其碳酸盐和氧化物更容易分离。浮选系统有不同的类型，包括浮选池和浮选柱。

泡沫浮选已成功用于从沉积物和土壤中去除金属（主要是 Cd、Cu、Pb 和

Zn)[21,22,30-33]。然而，泡沫浮选修复技术的应用仍然少于其他土壤淋洗技术。泡沫浮选是处理细粒基质的相关技术，尤其是缺氧疏浚沉积物(在 20~50μm 具有最佳分离效率)，其中重金属主要以硫化物形式存在[21]。

在土壤修复方面，影响含金属颗粒可浮性的主要因素如下：①金属化合物的异质性；②不同粒级中的金属分布；③有机物含量；④极细颗粒<10μm 的比例[21,32]。由于硫化物矿物比碳酸盐或氧化物更易浮，因此有文献研究了通过硫化进行的化学预处理[27]。对于粒度较小的部分，浮选柱的效率通常远高于浮选池[23,31]。在大多数机械浮选池中，由于细小亲水性脉石颗粒杂质的夹带和截留，从小于 10μm 的粒级中选择性浮选含金属颗粒是很难的[33,34]。溶气浮选(DAF)系统可以产生非常小的气泡，它有望改善对细颗粒的选择性浮选[34]。由于气泡无法携带粗颗粒和重颗粒，传统的浮选系统不能有效上浮大颗粒(>200~300μm)。与传统的浮选技术相比，泡沫分离(SIF)技术更适合对较大粒度的颗粒进行分离。通常在浮选工艺之前进行摩擦洗涤，以解离结合在粗颗粒上的小颗粒并去除颗粒表面的涂层。此外，还可使用功率超声代替摩擦洗涤[35]。

(4) 磁分离

土壤中存在的颗粒具有各不相同的磁化率，从负数(有机)、中间值(顺磁性矿物和有机金属)到很大的正数(铁磁性矿物)[8]。铁磁性物质可以被低强度磁场吸引，而顺磁性物质分离需要高强度磁场[18]。低强度磁分离已被用于回收军事场所的废弃弹药碎片或棕地中含有高浓度重金属的铁/金属碎片。从土壤基质中磁分离重金属是基于金属污染物与铁磁性物质相结合的情况。研究表明，湿式高强度磁分离适用于从若干种土壤中去除 Cr、Cu、Ni、Pb 和 Zn。如果重金属不与铁磁性物质相结合，则分离效率不高。当土壤基质非均质时，如在棕地的情况下，磁分离对于从土壤中去除金属污染物的效率不高。

(5) 静电分离

静电分离在土壤修复中很少使用。工业规模静电分离的一个案例是美国某公司的铅基油漆碎片的分离和回收技术。该工艺在尺寸分级、铁磁分离和重力分离步骤之后使用静电分离作为最后一个步骤[36]。

(6) 摩擦洗涤

典型的摩擦洗涤器用双叶轮在固体含量非常高(70%~80%)的土壤泥浆中产生强烈的反向流动，以提供颗粒之间的机械洗涤，从而达成冲刷和破碎这两个主要效应[25]。冲刷效应包括从单个颗粒上去除涂层或薄膜。破碎效应涉及黏附在沙粒和砾石颗粒上粉土和黏土的分散/分离，以及土壤团聚体分解。土壤洗涤主要是通过颗粒间的摩擦来完成的，也可通过桨叶和颗粒之间的相互作用来完成。

Williford 等[37]指出，摩擦洗涤预处理增强了粒度的水力分级。研究表明，机械摩擦提高了 Wilfley 摇床(重力浓缩器)上金属的去除效率。洗涤(通过去除氧化涂层)使颗粒表面变得光洁干净，可以强化后续的泡沫浮选工艺。摩擦洗涤也可用于改善固体颗粒表面结合污染物(吸附的金属阳离子)的化学提取。

(7) 物理分离综合工艺链

大多数物理分离工艺链的大规模应用主要利用粒度(水力分级)和密度(重力浓缩)的差异，适度使用泡沫浮选。摩擦洗涤通常用作改善分离过程的预处理。磁分离和静电分离不经常使用。在现场应用中，物理分离工艺的典型处理流程包括：①初步尺寸分级，使用机械筛选分离过大的物质；②在摩擦洗涤之前或之后采用水力分级，为进一步处理提供合适的粒度范围；③采用重力浓缩或泡沫浮选处理沙粒；④细颗粒的处理；⑤产生残留物的管理。

许多物理分离工艺都基于简单的粒度分离，因为细颗粒(黏土和粉土)通常被认为受污染，而粗颗粒(沙子)被认为是未受污染的。然而，金属污染物可以分布在土壤的各种粒级中，沙粒中的浓度可能很高，特别是被非均质废物处置污染的城市或工业土壤[39-41]。如果金属污染物具有颗粒性质并且在所有粒级中含量都很丰富，则仅基于尺寸的分离不能实现金属污染物的充分分离。在这种情况下，必须研究基于密度或可浮性的分离。物理分离处理链可能需要破碎、脱泥、脱水和废水处理工艺。物理分离可用作独立的减容工艺或金属回收前的预处理。在某些情况下，Pb 和 Hg 能以可销售的形式回收。在靶场土壤修复项目中，铅浓缩物通常送到冶炼厂进行金属回收。

3. 物理分离技术的优缺点

物理分离的优点如下：①该技术可在同一处理系统中同时处理有机污染物和金属污染物；②需要进一步处理(金属回收)或异地处置的土壤量显著减少；③处理后的土壤能以低成本运回现场；④回收的金属在某些情况下可以回用(如送到冶炼厂)；⑤处理链系统很容易模块化，一些移动单元系统可用于工业规模现场修复；⑥技术在矿物加工行业已经很成熟，且运行成本通常较低。

在大规模应用中，物理分离处理土壤存在以下缺点：①该处理系统需要大型设备和大量空间进行土壤处理；②待处理土壤的体积必须足够大才能具有成本效益(现场处理>5000t)；③可能需要处理淋洗水和异地处置残留固体，从而显著增加成本[24,27]。

2.2.2 化学提取技术

化学提取使用含有化学试剂(酸/碱、表面活性剂、螯合剂、盐或氧化还原剂)的提取液将金属和有机物从土壤中转移到水溶液中。在提取冶金中，化学提取工艺(称为“湿法冶金”)被广泛用于从矿石、精矿和回收材料或残余物质中回收金属[42]。在土壤修复方面，金属溶解度的增强可通过过滤掉含有溶解金属污染物的溶液；或通过将金属化合物转化为更易溶解的形式(如通过价态变化转化为可溶性金属盐)来实现。有机物污染土壤的淋洗通常涉及化学提取。其中，研究最多的土壤有机污染物是多环芳烃(PAHs)和多氯联苯(PCBs)。对菲的研究也较多，因为它具有典型的 PAHs 特征。本节将分别讨论 6 类淋洗剂的使用：无机酸/碱、盐类和高浓度氯化物溶液、螯合剂、表面活性剂、还原剂或氧化剂(氧化还原剂)、复合淋洗剂。

1. 无机酸/碱

目前，无机酸是最常见的无机淋洗剂，如盐酸(HCl)、硫酸(H_2SO_4)、硝酸(HNO_3)、磷酸(H_3PO_4)。酸提取是经过验证的技术，可用于处理被金属污染的土壤、沉积物和污泥，其商业规模的设备也已运行。淋洗液的 pH 值对从土壤中提取重金属具有重要作用。污染物的提取主要有以下几种机制：①通过离子交换解吸金属阳离子；②金属化合物的溶解；③可能含有金属污染物的土壤矿物成分(如 Fe-Mn 氧化物)的溶解[43,44]。在低 pH 值下，添加的质子(H^+)可与土壤表面位点(层状硅酸盐矿物和/或表面官能团，包括 Al-OH、Fe-OH 和 COOH 基团)发生反应并增强金属阳离子的解吸，将它们转移到淋洗液中[45]。在低 pH 值条件下，大多数金属离子在溶液中呈阳离子状态。在这种状态下，H^+和金属离子都可以占据土壤中的吸附位点[46]。Kuo 等[44]的研究表明，用 0.1M HCl 酸浸有助于 Fe 和 Al 氧化物表面以及层状硅酸盐的显著溶解。在 $pH<2$ 时，这种溶解过程取代了金属提取中的离子交换。

不同种类酸的去除效率很大程度上取决于金属的种类、土壤的地球化学特性和淋洗剂浓度。Moutsatsou 等[47]的研究表明，与 H_2SO_4和 HNO_3相比，使用 HCl 可更有效地从被冶金材料高度污染的土壤中提取金属(As、Cu、Pb 和 Zn)。Ko 等[48]的研究表明：在使用 HCl、H_2SO_4和 H_3PO_4时，Zn 和 Ni(阳离子)的提取效果相似；与 HCl 相比，使用 H_2SO_4和 H_3PO_4时 As(阴离子)的提取率更高。与 HCl 不同，H_2SO_4和 H_3PO_4涉及竞争性氧阴离子(PO_4^{3-}或 SO_4^{2-})，使用它们可能会减少土壤活性表面上 As 阴离子物质的再吸附。另外，还有一些将无机碱用作淋洗剂的案例。以 NaOH 作为浸出液时，As 的去除率达到 95%[49]。无机酸/碱对不同类型土壤中重金属的提取效率见表 4-2。一般来说，HCl 是最常见的用于修复污染土壤的淋洗液。

表 4-2 无机酸/碱淋洗液及淋洗效果

淋洗液	浓度/(mol/L)	场地地点	土壤粒径分布/%			主要污染物及其去除率/%							文献
			沙土	粉土	黏土	Cu	Pb	Zn	As	Cr	Cd	Ni	
HCl	0.001~0.01	韩国采矿区	97.4	2.6			85	89			78		[48]
	0.1	韩国军事区	87	12.8	0.2	49	54						[50]
	1	英国矿区	78.8	1.8	2.4	32			58				[51]
H_2SO_4	0.001~0.01	韩国采矿区	97.4	2.6			85	91			81		[48]
	0.1	韩国军事区	87	12.8	0.2	34	17						[50]
	1	英国矿区	78.8	1.8	2.4	38			56				[51]
HNO_3	0.1	韩国军事区	87	12.8	0.2	50	52						[50]
H_3PO_4	0.001~0.01	韩国采矿区	97.4	2.6			86	92			81		[48]
	1.6	意大利工业污染土壤			30	65	64	48	42				[52]
	2	中国某冶金厂附近农田土壤	11.0	35.9	53.2				90				[49]
NaOH	2	中国某冶金厂附近农田土壤	11.0	35.9	53.2				95				[49]

已有研究表明，HCl 浸出工艺从非钙质土壤中提取重金属的效率很高。从环境和经济的角度来看，对土壤成分的共溶解是酸浸的一个关键参数。酸浸会严重影响土壤结构并导致土壤矿物质[43]和有机质[48]大量流失(高达 50%)。土壤基质的共溶解增加了酸性试剂的消耗和废水处理的复杂性[43]。此外，酸浸会导致处理过土壤的酸度大幅增加[48]，对于具有高缓冲能力的土壤(如钙质土壤)可能没有效果[53]。酸浸虽然能有效地从土壤中提取金属，但其大规模应用存在诸多弊端：①强酸可能破坏土壤的基本性质和土壤结构，从而影响土壤微生物和肥力；②废水和处理过的土壤需要中和；③废水中和产生大量新的有毒残留物；④固体/液体残留物和处理过土壤的处置可能存在问题；⑤废水处理和土壤中和使成本显著增加。

2. 盐类和高浓度氯化物溶液

常见的无机盐类淋洗剂包括 $CaCl_2$、NaCl 和 $FeCl_3$。使用含有氯化物盐(如 $CaCl_2$)的稀酸溶液是高浓度酸浸的有效替代方法。处理过的土壤实际不受用稀酸进行盐浸的影响，土壤基质的共溶解并不显著，最终土壤的 pH 值与初始土壤相比也未显著降低[43]。Kuo 等[44]研究发现，使用 0.001M HCl 和 0.1M $CaCl_2$ 溶液从水稻土壤中去除 Cd 的效率与使用 0.01M HCl 溶液酸浸得到的去除效率相似。酸浸中加入 $CaCl_2$ 对阳离子金属(如 Pb^{2+} 和 Cd^{2+})去除率的提高主要通过以下两个过程：①Ca^{2+} 与 Pb^{2+}/Cd^{2+} 在土壤基质活性表面进行的离子交换；②与 Cl^- 形成稳定且可溶的金属氯络合物(如 $Cd^{2+}+yCl^- \longleftrightarrow CdCl_y^{2-y}$)[43,48]。Isoyama 等[45]使用 0.1M $CaCl_2$ 作为淋洗的第二个步骤(在 1M HCl 的浸出步骤之后)，以防止提取出的 Pb 重新吸附在具有永久负电荷的层状硅酸盐矿物阳离子交换位点上。通过在轻微酸化条件下使用低浓度(0.1M)$CaCl_2$ 溶液进行连续浸出，可最大限度减少对土壤物理化学和微生物性质的破坏[44,54]。近期，$FeCl_3$ 也已广泛应用于土壤淋洗的研究中。Makino 等[54]报道，$FeCl_3$ 从受 Cd 污染的水稻土壤中去除了 66% 的 Cd；然而，当淋洗受 Pd 污染的矿物时，由于 $PbCl_2$ 会沉淀，$Fe(NO_3)_3$ 比 $FeCl_3$ 表现出更好的提取效果(>96%)。

研究人员探究了在酸性条件下使用高浓度(>1M)氯化盐溶液去除土壤中高浓度 Pb 的情况。高浓度的 Cl^- 能与 Pb^{2+} 形成可溶性氯络合物，如 $PbCl^{3-}$ 和 $PbCl_4^{2-}$[55]，但是必须监测电导率和 pH 值以获得最佳热力学条件并防止形成不溶性化合物 $PbCl_2$[56]。在高离子强度的溶液中，Na^+(浓 NaCl 溶液)可在离子交换提取 Pb 中发挥重要作用[55]。在从黏土或细粒土壤中去除 Pb 时，酸化的 NaCl 溶液与传统提取剂(EDTA 和 HCl)相比，效果相近或者更有效。与使用浓 HCl 浸出不同，浓 NaCl 溶液可有效去除钙质土壤中的 Pb，而不会大量提取 Ca[57]。目前已在中试规模项目上测试了用酸化的 2M NaCl 溶液(用氧化剂增强)浸出修复高浓度 Pb 污染的土壤。游离 Cl^-通常被回收，而提取的金属则通过以下方式回收：添加硫化物、氢氧化物、碳酸盐化合物形成化学沉淀；电化学凝聚/还原。含 PO_4^{3-}的溶液可以特异性地提取 As，去除率为 30%～65%[52]，这可能是由于 PO_4^{3-} 和 AsO_4^{3-}的离子结构相似[58,59]。

3. 螯合剂

使用螯合剂进行土壤淋洗的研究正在逐渐开展，主要包括合成螯合剂和天然螯合剂。螯合剂可以形成稳定的金属络合物，促进重金属解吸[7]。使用螯合剂的一个优点是它对土壤结构和植物生长的破坏较少。

(1) 合成螯合剂

由于螯合剂能够形成稳定的金属络合物，因此它们在从受污染土壤中提取金属方面具有广阔前景。在选择提取金属的螯合剂时应主要考虑以下 5 个因素：①螯合剂能在较宽的 pH 值范围内形成高度稳定的络合物；②形成的金属络合物不可吸附在土壤表面上；③如果要在工艺中回收再利用，螯合剂应具有低生物降解性；④使用的试剂应经济可行；⑤金属回收应经济可行[60-63]。与强酸(如 HCl)相比，使用螯合剂(如乙二胺四乙酸，EDTA)的主要优点是螯合剂对土壤结构的破坏较少。各种合成螯合剂对土壤中金属的去除效果见表 4-3。

EDTA 被认为是去除土壤中重金属(尤其是 Pb、Cd、Cu 和 Zn)最有效的合成螯合剂，因为：①EDTA 对阳离子重金属具有很强的螯合能力；②EDTA 浸出工艺可以处理的土壤类型范围很广；③EDTA 可回收且可重复使用(低生物降解性)[62,65-66]。已有研究表明，EDTA 浸出工艺可以提取结合在土壤颗粒上的金属阳离子，但其似乎对提取阴离子金属 As 无效。EDTA 对金属的去除效率很大程度上取决于土壤特性和金属结构。一般而言，EDTA 可有效去除与可交换组分、碳酸盐组分和有机组分结合的金属阳离子，而在提取与可还原/Fe-Mn 氧化物组分结合的金属时效率较低[60,57,67]。Elliott 和 Shastri[68]证实草酸盐比 EDTA 更能有效地去除土壤中与 Fe-Mn 氧化物相联结的金属。与残留态组分结合的金属不能被 EDTA 提取。与酸浸(低浓度)不同，EDTA 络合工艺可有效处理钙质土[57,53]。然而，EDTA 可能有助于方解石的共溶解，从而降低金属的去除效率[68]。

EDTA 具有低选择性，它可能与溶解在淋洗液中的其他阳离子(如 Ca^{2+}和 Fe^{3+})发生络合作用，从而导致其试剂的消耗量很高[65]。金属-EDTA 络合物中的竞争由溶解金属浓度、反应动力学和某些土壤参数控制。影响金属络合物稳定性的因素包括：环的大小和数量、环上的配体取代基、金属的性质、淋洗液的 pH 值、

表 4-3 合成螯合剂及土壤淋洗效果

淋洗剂	浓度/(mmol/L)	浸出方式	土壤来源(土壤质地)	土壤颗粒大小分布			主要污染物及其去除率/%					文献
				沙土	粉土	黏土	Cu	Zn	Cd	Pb	Ni	
EDTA	200~1000	批式	被采矿和精炼活动污染的钙质土，希腊	—	15.7~42.1		—	<50	<50	50~98	—	[67]
	200	批式	电池场地污染的钙质土，加拿大	—	—	—	—	—	—	99	—	[57]
	40	批式/堆	采矿和精炼场地的4种土壤，斯洛文尼亚	56.3	32.6	11.1	—	22	—	84	—	[63]
				50.1	39.8	10.1	—	22	—	83	—	
				45.2	36.5	18.3	—	63	—	100	—	
				73.0	20.0	7.0	—	59	—	80	—	
	49.1	批式/柱	被采矿活动污染的4种土壤，英国和法国	—	—	35.9	57.3	50.6	39.3	16.0	—	[62]
	50.3			—	—	17.3	4.5	8.9	22.5	23.5	—	
	48.8			—	—	12.0	3.1	9.7	12.7	2.6	—	
	31.4			—	—	19.9	44.2	48.7	45.2	31.1	—	
	500	批式	人工污染的沙壤土，尼日利亚	78.2	13.2	8.6	70.3	60.4	56.7	50.5	62.5	[77]
	100	批式	金属冶炼厂周围，中国	62	34	4	22.0	29.5	—	70.5	—	[78]
	500	批式	污泥改良土壤，德国	—	—	—	91	63	90	74	33	[79]
GLDA	50	批式	农田污染土壤，中国	41.5	7.2	51.3	—	29.8	48.1	53.6	—	[58]
	70	批式	有色金属精炼厂，中国(沙质黏土)	40.3	7.5	52.2	—	40.4	67.0	85.4	—	[75]
	500	批式	污泥改良土壤，德国	—	—	—	94	62	84	54	39	[79]
NTA	100	柱	人工污染土壤，伊朗	62	28	10	—	24.5	83.6	21.8	2	[80]
EDDS	70	批式	有色金属精炼厂，中国(沙质黏土)	40.3	7.5	52.2	—	33.6	42.9	71.5	—	[75]
	500	批式	污泥改良土壤，德国	—	—	—	84	45	52	9	24	[79]

续表

淋洗剂	浓度/(mmol/L)	浸出方式	土壤来源(土壤质地)	土壤颗粒大小分布			主要污染物及其去除率/%					文献
				沙土	粉土	黏土	Cu	Zn	Cd	Pb	Ni	
ISA	50	批式	农田污染土壤，中国	41.5	7.2	51.3	—	25.4	24.1	36.5	—	[58]
	500	批式	污泥改良土壤，德国	—	—	—	93	55	59	22	32	[79]
GCA	50	批式	农田污染土壤，中国	41.5	7.2	51.3	—	4.7	7.9	3.3	—	[58]
EDTMP		批式	废弃农田，中国(沙质黏土)	56.8	8.9	34.3	—	50.8	92.7	96.1	—	[71]
PAA		批式	废弃农田，中国(沙质黏土)	56.8	8.9	34.3	—	41.7	84.6	79.2	—	[71]

注：EDTA：乙二胺四乙酸；GLDA：谷氨酸-N，N-二乙酸；NTA：次氮基三乙酸；EDDS：N，N′-(1，2-乙烷二基)双天冬氨酸；ISA：亚氨基二琥珀酸；GCA：葡萄糖单碳酸；EDTMP：乙二胺四亚甲基膦酸；PAA：聚丙烯酸。

土壤中方解石($CaCO_3$)含量[69]。Fe^{3+}在淋洗液中的浓度是金属-EDTA络合物稳定性的关键参数，因为和其他重金属相比，如Cu(在25℃和离子强度为0.01时，logK=19.7)、Pb(19)、Zn(17.5)、Cd(17.4)，Fe^{3+}可能与EDTA形成更稳定的络合物(logK=26.5)[62,63]。Ca^{2+}的络合干扰问题似乎不大，因为与Cd、Cu、Pb和Zn相比，Ca^{2+}与EDTA所形成络合物(logK=10.65)的稳定性要低得多[63]。研究表明，Ca^{2+}是主要的竞争性阳离子，因为$CaCO_3$强烈溶解在pH值为4~5的EDTA浸出液中，因此相较于与EDTA络合的目标重金属，浸出液中的Ca^{2+}浓度非常高[65]。此外，在浸出过程中可能发生重金属(如Zn与Pb)之间的络合竞争[70]。

金属提取还取决于许多参数的组合，如EDTA/金属物质的量、浸出方法(分批与柱/堆浸)、试剂添加模式(单步与使用低剂量进行的连续提取)、溶液pH值、液固比和提取时间。与使用高剂量的单步模式相比，使用低剂量EDTA的多步工艺可获得最佳结果[63]。EDTA提取通常在pH值4~8进行，在低pH值下，EDTA-金属络合物可以重新吸附在土壤表面上[65]。

EDTA的再生能力是浸出工艺的关键参数，以避免EDTA释放到环境中。EDTA必须回收才能将处理成本保持在合理的水平[66]。用于EDTA再生(或降解)和从浸出液中去除金属的工艺主要有以下几种：通过添加化学试剂进行金属沉淀和EDTA再生；电化学工艺；离子交换树脂；纳滤；通过氧化降解EDTA；通过吸附回收金属。

EDTA具有以下三个缺点：①成本高；②生物降解性低，有可能通过淋溶进入土壤和地下水中产生二次污染；③降低土壤生态功能[58,59]。Zupanc等发现，经EDTA淋洗后，植物产量低于原始土壤，而土壤中团聚体的比例、稳定性和保水性也发生显著变化。对农田土壤生物学功能的变化与恢复需要更加重视，因此，在农田使用EDTA时应减少其剂量或使用新的替代品。EDTA和NTA等羧酸是在高温、高pH值条件下可稳定水解的螯合剂[69]，但是，不建议将NTA用于土壤修复，因其对人体健康有害[65]。此外，与NTA相比，EDTA能与大多数重金属形成更稳定的络合物[69]。一些以前未用于土壤淋洗的螯合剂[如乙二胺四亚甲基膦酸(EDTMP)、聚丙烯酸(PAA)]已被证实对土壤生态的危害较小[71]。

目前已经研制出可作为EDTA替代品的可生物降解的螯合剂，如N,N′-(1,2-乙烷二基)双天冬氨酸(EDDS)、谷氨酸-N,N-二乙酸(GLDA)、亚氨基二琥珀酸(ISA)和葡萄糖单碳酸(GCA)。EDDS可有效提取Cu并降低其在处理土壤中残留的浸出性和生物利用性，但它与金属结合的能力不如EDTA[72]。

Kolodynska[73,74]研究发现超过1/2的GLDA可在1个月内降解，毒性测试表明其对生物体没有健康风险。在受污染的农场土壤中，GLDA去除了与EDTA等量的金属，同时保留了土壤中更多的养分[75]。然而，目前还未发现有效的可用于大多数重金属提取的可生物降解螯合剂，并且它们的使用成本通常很高。因此，有必要对其他环保且具有成本优势的替代品进行研究。

(2) 小分子有机酸

研究表明，醋酸、草酸、柠檬酸和酒石酸具有低毒性和高可降解能力，是很有前景的淋洗剂[76]，如表4-4所示。这些种类的淋洗剂表现出以下三种机制：①与重金属直接形成带正电荷的络合物；②吸附到土壤表面后有机酸官能团与重金属形成络合物；③与重金属配位形成高溶解性络合物。Ash等[81]在12h淋洗实验中使用了三种有机酸，对于As浸出而言：草酸>柠檬酸>乙酸。他们还发现通过有机酸浸出As主要依赖于与Fe-Mn氧化物结合的As的溶解和解吸。草酸在处理Cr污染的土壤(柱淋洗)中比柠檬酸和HCl更有效，土壤中其他金属的淋洗效果与Cr呈正相关[82]。研究表明，羧乙基硫代丁二酸(CETSA)和马来酸-丙烯酸共聚物(MA/AA)是廉价的可生物降解有机酸，Xia等[76]发现这两种药剂的淋洗效果极佳，且对土壤的破坏较小。

研究表明，天然有机酸是淋洗土壤的理想选择。这些有机酸可生物降解，对土壤的破坏很小，二次污染的风险很低。使用柠檬酸和KCl改性的淋洗液可得到更高的去除率。单独使用0.01M柠檬酸对Pb的去除率为25.1%，加入1M KCl后，去除率从25.1%增加到77.6%，因为K^+很容易与Pb^{2+}进行离子交换[83]。Kim等[84]研究了从草酸淋洗As污染土壤的废水中回收草酸亚铁。草酸亚铁可用于工业，若土壤淋洗副产品具有较高的经济价值，则淋洗剂的高成本可被抵消。Zou等[85]使用从厨余垃圾中提取的挥发性脂肪酸(VFA)处理被V和Cr污染的土壤，取得了较好的效果。一方面，该方法实现了厨余垃圾的再利用；另一方面，从厨余垃圾中提取的低毒VFA在土壤淋洗上效果显著。

4. 表面活性剂

表面活性剂独特的分子结构(亲水性和疏水性)可以提高土壤污染物的水溶性。一般来说，表面活性剂可分为合成表面活性剂和生物表面活性剂。按离子基团划分，表面活性剂可分为阳离子、阴离子、两性离子和非离子表面活性剂(见表4-5)。近年来出现了许多新的表面活性剂材料，并在土壤淋洗中得到应用。

表 4-4　小分子有机酸淋洗效果

淋洗剂	浓度/(mol/L)	土壤来源(土壤质地)	土壤粒度分布/%			主要污染物及其去除率/%						文献
			砂土	粉土	黏土	Cd	Cu	Zn	Pb	Ni	其他	
柠檬酸	0.05	人工污染土壤，尼日利亚	78.2	13.2	8.6	38.4	50.3	43.5	31.0	45.6		[85]
	0.07	有色金属精炼厂，中国	40.3	7.5	52，2	46.3		43.0	32.2			[75]
	0.5	军事射击场，尼日利亚(壤质沙土)	63.5	22.6	13.9				90.3			[83]
	1	矿井，英国	78.8	18.8	2.4		22				As 44	[86]
酒石酸	0.05	人工污染，尼日利亚(沙质壤土)	78.2	31.2	8.6	19.3	30.2	26.6	16.7	28.3		[85]
	3	铁路货运站土壤，韩国(壤质沙土)	86.4	5.6	7.9		55	59	77		石油烃 82	[87]
CETSA	100g/L	铅锌矿，中国(沙质黏土)	25.5	13.3	61.2	52.4		86.2	82.3			[76]
MA/AA		汉源县，中国(沙质黏土)	25.5	13.3	61.2	49.4		78.1	64.9			[76]
草酸	0.1	被拆毁的工业用地，中国	55.8	28.9	15.3	47.9	65.4	22.9	1.5		As 59.9	[89]
	1	冶炼厂场地，中国									V 77.2 Cr 7.2	[88]
乙酸	0.1	锌冶炼厂附近的农田，中国	36	49	15	40.8		18.1				[90]
VFA	30g/L	冶炼厂场地，中国(黏质壤土)									V 57.1 Cr 23.6	[85]

注：CETSA：羧乙基硫代丁二酸；MA/AA：马来酸-丙烯酸共聚物；VFA：挥发性脂肪酸。

表 4-5 表面活性剂淋洗效果

淋洗剂	种类	浓度	土壤来源(土壤质地)	土壤粒度分布/%			淋洗方式	污染物和去除率/%	文献
				砂土	粉土	黏土			
SDBS	阴离子型	5%	废弃的 OCP 制造厂，中国江苏			12	批式	氯丹 68 o，p′-DDD 54 p，p′-DDD 53 p，p′-DDT 10	[110]
SDS	阴离子型	10g/L	人工污染土壤，西班牙	4	18	78	批式	菲 90	[111]
		0.55g/L	巴拉圭盆地，巴西				柱	TPH 67	[112]
		2.5g/L					柱	TPH 83	
ADBAC	阳离子型	10g/L	人工污染土壤，西班牙	4	18	78	批式	菲 70	[111]
CTAB	阳离子型	16mg/L	废弃油田土壤，中国			13~24	批式	原油($C_1 \sim C_{20}$)<50	[95]
		335mg/L	人工污染土壤，中国	6.8	77	16	柱式	汽油($C_8 \sim C_{30}$)<10	[113]
CAPB	阳离子型	100mg/L	汽油污染区，墨西哥	67	10		批式	汽油($C_6 \sim C_{35}$) 68	[114]
		80mg/L	人工污染土壤，墨西哥	10	30	60	批式	汽油($C_6 \sim C_{35}$) 54	[115]
Triton X-100	非离子型	5%	废弃的制造厂，中国			12	批式	α-氯丹 81.2 γ-氯丹 83.2 灭蚁灵 40.7	[110]
			地下储油罐泄漏场地，韩国	43.0	47.5	9.5	柱式	TPHs 51.4	[84]
Tween-80	非离子型	2g/L	废弃的烹饪厂，中国				批式	多环芳烃 15.4±4.0	[116]
		15g/L	中国安徽	77.7	21.7	0.6	批式	菲 85.6	[117]
		39mg/L	军工车辆修理厂，韩国	60	20	20	原位连续式	煤油、柴油($C_8 \sim C_{30}$)88	[118]
		73.76mg/L	人工污染土壤，中国	0.3	10	89.7	柱	PHE(C_{14})99	[119]

续表

淋洗剂	种类	浓度	土壤来源(土壤质地)	土壤粒度分布/%			淋洗方式	污染物和去除率/%	文献
				砂土	粉土	黏土			
Brij 30	非离子型		地下储油罐泄漏场地，韩国	43.0	47.5	9.5	柱	TPHs 74.8	[84]
Brij 30	非离子型	69.5mg/L	人工污染土壤，韩国	74	22	3.4	批式	PHE(CH_{14})84.1	[120]
Brij 35	非离子型	3g/L	人工污染土壤，中国	60.3	22.8	16.9	批式	菲 73.8	[121]
Brij 35	非离子型	110mg/L	加油站和汽油储藏区附近土壤，伊朗	75	9	16	批式	TPH(C_6~C_{35})无去除率	[122]
Igepal CA-720	非离子型	5%	天然气制造厂场地，美国(粉质砂土)				柱	菲 70 芘 70 苯并[a]芘 25 重金属无	[123]
羟丙基-β-环糊精	非离子型	10%	天然气制造厂场地，美国(粉质砂土)				柱	菲 50 芘 10 苯并[a]芘 10 重金属无	[123]
皂角苷	非离子型生物表面活性剂	3%	人工污染的土壤，波兰(粉质黏土)	6	33	61	批式	Cu 106 Cd 108 Zn 100	[97]
木质素磺酸盐	非离子型生物表面活性剂	8%	多金属硫化物中高温热液矿床，中国	47	24	29	批式	Pb 67.4 Cu 73.2	[124]
丹宁酸	非离子型生物表面活性剂	3%	尾矿库，波兰金矿(粉质壤土)	20~39.7	58.2~76	1.3~3.6	批式	As 65	[100]
丹宁酸	非离子型生物表面活性剂	21g TOC/L	农田，波兰(砂质壤土)	71.9	26.2	1.9	批式	Zn 61 Cd 89	[101]

续表

淋洗剂	种类	浓度	土壤来源(土壤质地)	土壤粒度分布/%			淋洗方式	污染物和去除率/%	文献
				砂土	粉土	黏土			
鼠李糖脂	阴离子型生物表面活性剂	3g TOC/L	农田，波兰(砂质壤土)	71.9	26.2	1.9	批式	Cu 24 Cd 62	[101]
		40mmol/L	停车场，中国	67.7	21.5	10.8	批式	Pb 62 Cd 42	[98]
			湿地，中国	54.3	29.4	16.3	批式	Pb 45 Cd 40	
腐殖质	类腐植酸	2%	矿区，罗马尼亚				批式	Cu 60.3 Pb 48	[103]
	类腐植酸	5g TOC/L	农田，波兰	71.9	26.2	1.9	批式	Pb 50 Cd 89	[101]
	类腐植酸			43.0	45.7	11.3			[102]
腐殖化的稻草溶液	类腐植酸		黄土，中国				柱	Pb 40 Cd 70	[104]

注：SDBS：十二烷基苯磺酸钠；SDS：十二烷基硫酸钠；ADBAC：烷基苄基二甲基氯化铵；CTAB：西曲溴铵；CAPB：椰油酰胺丙基甜菜碱。

(1) 合成表面活性剂

常见的合成表面活性剂包括聚氧乙烯脱水山梨醇单油酸酯(Tween-80)、十二烷基硫酸钠(SDS)和十六烷基三甲基溴化铵(CTAB)[91,92]。Chen 等[93]研究表明，将非离子表面活性剂 Triton X-100 和 CTAB 应用于紫土可以降低 Cd 吸附的比例。此外，紫土中可溶性 Cd 的量随着平衡溶液中表面活性剂浓度的增加而增加。丁宁研究组[94]研究表明，月桂基醚硫酸钠可有效去除高岭土中的 Cd^{2+} 和 Pb^{2+}，去除率分别高达 98.7%和 99.8%。淋洗时间从 2min 增加至 25min 并不能明显提高这两种重金属的洗脱率，但月桂基醚硫酸钠浓度对洗脱效率有显著影响。浓度越高，洗脱率越高，当浓度为 100mmol/L 时，两种重金属的洗脱率接近 100%。Li 等[95]开展了表面活性剂对石油污染土壤的淋洗实验。该研究测试了 4 种黏土矿物(绿泥石、高岭石、蒙脱石、伊利石)和 3 类表面活性剂(非离子型：Tween-20、Triton X-100；阳离子型：CTAB；阴离子型：Dodec-MNS、NPS-10)。结果表明，单一黏土中的石油去除率最高为 13.2%(绿泥石)、34.2%(高岭石)、68.0%(蒙脱石)和 86.3%(伊利石)。蒙脱石和伊利石表现出较高的石油洗脱率。阴离子表面活性剂 Dodec-MNS 在绿泥石、高岭石和蒙脱石中得到更好的石油洗脱效率。从 4 组分析来看，Tween-20 对饱和烃具有较好的洗脱能力，但对芳烃、胶质和沥青质的洗脱没有明显规律。在实际土壤淋洗过程中，高岭石和伊利石-蒙脱石混合层矿物含量越高，Dodec-MNS 去除的石油越多。然而，当伊利石和高岭石含量高于其他矿物时，Tween-20 的淋洗效果更好。因此，应用表面活性剂淋洗石油污染土壤时，表面活性剂的选择由黏土和石油的成分决定。总体来说，化学表面活性剂对重金属洗脱较为有效，对有机污染物如石油烃等洗脱效率不高，且其成本较高，因此作为淋洗剂的使用受到一定限制。此外，表面活性剂强化淋洗工艺对土壤特性的影响需要进一步研究。Kwon 等[96]使用 Tween-80 作为淋洗剂对柴油污染土壤进行原位修复，发现表面活性剂有助于降低柴油污染，然而污染物的生物降解也会受到影响，不利于后续土壤的自然修复。

(2) 天然表面活性剂

在土壤淋洗工艺中，目前使用的天然表面活性剂，包括皂苷、壳聚糖、鼠李糖脂和环糊精。与化学和合成表面活性剂相比，天然表面活性剂具有更多优势，例如环境风险低、在自然界中普遍存在以及具有成本优势[97]。丁宁课题组研究发现，鼠李糖脂对停车场和湿地受试土样中的 Cu、Cd、Pb、Zn 均有一定去除作用。与合成表面活性剂月桂基醚硫酸钠相比，鼠李糖脂对这 4 种重金属的去除率略低，但单位洗脱效率高于月桂基醚硫酸钠；与湿地土样相比，两种表面活性剂对停车场土样中重金属的去除率更高[98]。从黏质壤土中提取 Cu 和 Ni 时，壳聚糖在 2.0g/L 时表现出比 EDTA 更好的淋洗效果，对 Pb 的去除率最高(75%)，对

Cu 的去除率最低(25%)[99]。带负电荷的 Cr 和 As 阴离子络合物倾向于与阳离子表面活性剂结合。研究表明，皂苷和鼠李糖脂可有效从受污染的土壤中浸出和去除这两种重金属[92]。Gusiatin[100]研究发现单宁酸和皂苷几乎可以完全去除受试土壤中的 As(Ⅴ)，而使 As(Ⅲ)含量减少 37%~73%。尽管如此，鉴于目前天然表面活性剂成本较高，研究人员正在努力探索新的生物表面活性剂。

(3) 腐植酸

腐植酸是一类广泛存在于自然环境中的天然表面活性剂，不仅可有效提取多种不同的土壤污染物，还可改善土壤性质。因此，腐植酸是一种重要的潜在土壤修复剂。最近的应用趋势是从废物中提取腐殖质用于土壤淋洗，这符合循环经济的理念。腐殖质可从市政污水处理厂的污泥和堆肥混合物中提取[101,102]。用从风化褐煤中提取的腐殖质淋洗 Cu 和 Pb，当腐殖质浓度为 2%时，去除率分别为 60.3%和 48%。在相同的最佳条件下，2%腐殖质的去除率高于 0.00012%的 HCl，但低于 0.5%的 Na_3EDDS 和 1%的 $KMnO_4$[103]。然而，腐植酸的优点是不需要担心其在土壤中的残留，因为它们可以被纳入土壤有机质中。使用腐殖化秸秆溶液处理 Pb 和 Cd 污染的土壤，去除效率分别可达到 40%和 70%[104]。当腐植酸以高于临界胶束浓度(CMC)的浓度添加到溶液中时，它会增强有机污染物的溶解度[105,106]。研究发现，腐植酸通常需要采用比合成表面活性剂(如 SDS、Tween-80 和 Triton X-100)更高的浓度，且与其来源无关。然而，腐植酸的来源确实会影响其增溶能力。废弃物，尤其是未堆肥废物中的腐植酸，显示出最高的溶解能力，而化石源的腐植酸对有机物的溶解能力最低。使用从风化褐煤和水中分离的浓度为 10mg/L 的腐植酸时，土壤中 PAHs 和噻吩的去除效果与使用 SDS 和 Triton X-100 时相当[106,107]。将木质纤维素和食物垃圾混合堆肥 15d，从中提取腐植酸并以 10g/L 的浓度对土壤进行淋洗，该腐植酸在去除 PAHs 上比同浓度的 SDS 更有效[108]。目前的研究正在探索提高表面活性剂淋洗效率的方法。如 Bonal 等[109]使用盐和多壁碳纳米管来改善表面活性剂对被废油污染土壤的淋洗效果。

5. 还原剂或氧化剂(氧化还原剂)

还原剂和氧化剂为提高金属溶解度提供了另一种选择，因为化学氧化/还原可以将金属转化为更易溶解的形式。研究表明，添加还原剂可以增强 EDTA 对金属的迁移作用[20,60,61]。还原剂的使用有助于 Fe-Mn 氧化物溶解，从而提高 EDTA 浸出过程中与 Fe-Mn 组分结合的金属去除率[20]。

氧化剂也可用于增强金属的去除。Lahoda 等[125]建议在包括颗粒分离、金属溶解和金属沉淀的土壤淋洗过程中，使用氧化剂来增强细颗粒中金属溶解。Lin 等[56]在氯化物浸出工艺中(2M NaCl，pH=2)使用次氯酸钠(NaClO)作为氧化剂，从高度污染的土壤中提取金属 Pb 颗粒(小于 0.15mm)和其他类型的 Pb。Reddy

等[126]指出，使用 0.1M $KMnO_4$ 溶液浸出，可完全去除黏土中的 Cr(人工污染)。

6. 复合淋洗剂

受污染场地可能会受到多种污染物的污染，如重金属和有机污染物的联合污染。一般情况下，单一的淋洗剂不能有效去除污染土壤中的某些污染物，因此，研究通常只关注某种特定污染物的去除效果。然而，由于污染物浓度高且成分复杂，如阳离子金属(Cu、Pb 和 Zn)和阴离子金属(As 和 Cr)共存，环境问题日趋严重，亟待解决。由此，复合淋洗剂引起越来越多的关注，如表 4-6 所示。

研究表明，表面活性剂可以增强 EDTA 从土壤中浸出金属的能力[66]。在淋洗液中添加表面活性剂旨在帮助污染物从土壤中解吸或/和分散。Qiu 等[89]尝试用 Na_2EDTA 和草酸盐淋洗多重污染的土壤，发现比使用任何单一试剂时的效率更高。Wang 等[127,128]报道小分子有机酸和纳米零价铁的混合液不仅可以显著增强 Pb 的去除能力，还可有效降低 N、P、K 的损失率。Ehsan 等[66]研究表明，用表面活性剂和 EDTA 的混合物淋洗可增强混合污染物(PCB 和重金属)中金属的迁移过程。Wang 等[129]研究表明，去除土壤中 Cd 污染时，组合使用 GLDA 和 NTA 比使用单一试剂的效率更高。他们还发现，这两种螯合剂组合可以在较宽的 pH 值范围内使用，对实际应用有很大价值。

尽管许多研究都试图确定不同的淋洗剂组合，但大多数是实验室规模的研究，而实地试点研究与实际情况和土壤特征更一致。理想的淋洗剂组合需要进行更系统的研究和评估，包括生物降解性、低吸附性和污染物提取能力的研究。

7. 化学淋洗剂与高级氧化技术联用

高级氧化是一种常见的土壤修复技术。光催化作为一种高级氧化技术已应用于修复污染土壤。然而，直接应用均相(光)催化还存在一些问题，包括对反应药剂的需求量大，易造成土壤介质的二次污染、反应操作困难、降解效率低等。因此在土壤修复过程中，先利用表面活性剂作为淋洗剂将疏水性有机污染物从土壤中转移到液相，再利用高效光催化剂对土壤淋洗系统进行氧化降解的技术受到越来越多的关注。最常见的催化方法是均相(光)催化(如 Fenton、光 Fenton)和多相光催化(TiO_2光催化)。土壤淋洗和高级氧化的联合使用主要针对土壤中有机污染物的去除。为研究污染物的高级氧化降解机制，可以应用自由基淬灭实验来识别主要自由基并推测可能的中间体和反应途径[117]。如果后续无法对土壤淋洗废水进行再利用，则必须去除废水中的淋洗剂后再排放，否则，淋洗剂进入环境将会产生污染。

表 4-6 不同药剂的组合和淋洗效果

淋洗剂	土壤来源	土壤大小分布			淋洗方法	污染物和去除/%	文献
		砂土	粉土	黏土			
DCB+EDDS	原木材处理设施土壤，新西兰				批式	Cr 24 Cu 38 As 47	[130]
$NH_2OH-HCl$+EDDS	原木材处理设施土壤，新西兰				批式	Cr 10 Cu 53 As 27	[130]
MC （EDTA、GLDA、柠檬酸）	金属冶炼厂周围的钙质土壤，中国	62	34	4	批式	Zn 34.5 Pb 53.6 Cu 10.7	[78]
$Fe(NO_3)_3$+去离子水	费尔德射击场土壤，韩国				批式	Pb 94.8	[131]
EDTA+EDDS	农田污染土壤，中国	87.5	12.5		批式	Cu 67 Zn 54 Pb 66	[132]
$Na_2S_2O_4-C_6H_8O_7-NaHCO_3$	农田污染土壤，中国				批式	As 78	[133]
TX100+SDS	废弃的焦炉厂，中国				批式	PAH 63.6	[134]
TX100+SDBS	废弃的焦炉厂，中国				批式	PAH 48.6	[134]
H_2O_2+EDTA	柴油污染的军用场地，韩国	87.0	12.8	0.2	批式	Cu 53.9 Pb 57.6 TPH 57.2	[50]

续表

淋洗剂	土壤来源	土壤大小分布			淋洗方法	污染物和去除/%	文献
		砂土	粉土	黏土			
GLDA+NTA	Cd 污染土壤，中国	33.5	30.0	18.8	批式	Cu 38.2 Zn 9.8 Cd 71.4 Pb 19.5	[129]
EDTA+GLDA+CA	矿区，中国	23 15	62		批式	Cd 70.1 Pb 88.2 Zn 76.0	[135]
EDDS+EDTA+$Na_4P_2O_7$	被拆除的电镀厂土壤，中国				柱	Cr 70.7 Cu 64.0 Ni 98.2	[92]

注：DCB：十二烷基羧基甜菜碱；EDDS：-N，N′-(1，2-乙烷二基)双天冬氨酸；EDTA：乙二胺四乙酸；GLDA：谷氨酸 N，N-二乙酸；NTA：次氮基三乙酸。

2.2.3 物理分离与化学提取联用技术

物理分离和化学提取工艺的互补使用为净化受金属污染的土壤提供了非常有效的方式。典型的组合工艺使用物理分离（主要通过尺寸、密度或可漂浮性）将颗粒形式的金属浓缩到一小部分土壤中，然后对该浓缩部分的土壤进行化学提取以溶解其中的金属。在这种情况下，砂粒通过密度分离（跳汰机）得到处理，而细粒则通过化学浸出得到处理。细粒中 Pb 的去除率 65%～77%，铅浓缩物送至铅冶炼厂冶炼。许多土壤淋洗工艺都基于简单的粒度分离，使用水基液体进行水力分级和摩擦洗涤。研究认为细粒中含有大部分金属污染物，因此粒度分离通常在化学提取前使用。由于细粒中的金属浓度通常很高，因此直接处置并不合适。化学提取可用于去除细粒中的污染，并能以可销售的浓缩形式回收金属。

土壤淋洗系统也可能涉及其他组合类型，具体取决于土壤基质特征、金属形态和待处理金属的类型。物理分离和化学提取的组合可以颠倒（如化学浸出后进行湿式筛分），或者可能涉及物理分离和化学提取的同步工艺。例如，某些工艺通过使用酸、表面活性剂或螯合剂实现化学强化摩擦洗涤，然后进入湿式筛分/水力旋流阶段，将细颗粒/淋洗液（含有污染物）与洁净土壤分离。土壤颗粒的研磨和粉碎工艺可作为提高化学提取处理效率的一种预处理选择。超声波的使用可加速土壤颗粒表面清洁并改善金属浸出[136-138]。超声波通过若干种机制（尚未完全了解）起作用，如颗粒的微破碎及空化对固/液界面的干扰[136]。土壤淋洗处理旨在通过去除土壤基质中的金属来彻底净化场地。然而，将金属浸出性降低到低于标准 TCLP[139] 对于土壤淋洗的质量也很重要。化学提取的理想目标是回收金属以供再利用和转售，但是，对于提取和回收工艺缺乏经济可行性或技术可行性的项目，进行金属回收通常不切实际。若产生的有毒污泥中的金属难以回收，则可能需要在处置前进行稳定化/固化处理。在大多数情况下，土壤淋洗的目的是将金属污染物浓度降低到可接受水平，或者显著减少受污染土壤的体积。

3 技术装备与工程案例介绍

3.1 模块化物理筛分结合化学增效淋洗装备

3.1.1 工艺流程

污染土壤由装料机放置在土壤进料斗内，由土壤进料斗控制污染土壤定量地落到提取传送带上，再由提取传送带输送至升降梯，由升降梯将污染土壤提升至旋转洗涤器入口。在旋转洗涤器入口加入来自净水储罐的净水并与污染土壤混合，使污染土壤与水搅拌，其中颗粒大于 2mm 的砾石从旋转洗涤器的滚筒筛端口排出，其余水及小于 2mm 的砂土落入滚筒筛下面的收集槽中，并靠高度差流入水力旋流器缓存罐。污水泵从水力旋流器缓存罐污水区底部将砂土混合物泵至水力旋流器，经水力旋流器分离后，50μm～2mm 的颗粒由水力旋流器底部排出，并靠高度差流入螺旋洗砂机，水及小于 50μm 的微粒从水力旋流器上部排出，返回水力旋流器缓存罐清水区。清水区与污水区底部联通，当污水区水位与清水区水位一致时，水及小于 50μm 的微粒从清水区溢流口排出，进入泥浆缓冲罐。螺旋洗砂机接受从水力旋流器底部排出的砂土，并混入一定量来自净水储罐的净水，在双螺旋叶片搅拌下对砂土进行进一步清洗，清洗后的砂土从螺旋洗砂机出料口排出，然后被送至水平搅拌单元，螺旋洗砂机的污水从洗砂机的污水溢流口排出，进入脱水格栅 1。来自螺旋洗砂机的污水在脱水格栅 1 振动电机的作用下进行脱水，从而将混杂在螺旋洗砂机污水中少量 50μm～2mm 的颗粒分离出来，颗粒被输送到水平搅拌单元，污水自然流至集水槽内，再由集水槽经泵送到泥浆缓冲罐。水平搅拌单元接受螺旋洗砂机输送的砂土，并混入一定量来自净水储罐的净水，在水平搅拌器的搅拌下进行再次清洗。砂水混合物由水平搅拌单元流入脱水格栅 2，在振动电机的作用下，水由筛孔排出，流入集水槽，经泵送到泥浆缓冲罐，砂土从出口排到传送带上，由传送带输送至指定地点。泥浆缓冲罐汇集水力旋流器、螺旋洗砂机和脱水格栅的污水，污水由泵吸出，与聚合物罐释放的絮凝剂在输送管道混合器内混合，然后进入澄清器。污水中的微小颗粒物质沉在澄清器底部，定期由泥浆泵输送到稠泥浆缓冲罐内，水由上部排水口送往水处理系统。隔膜压滤机的泥浆泵将稠泥浆缓冲罐内的泥浆泵入隔膜压滤机内，进行压滤操作，固体物质被压成泥饼后掉落至螺旋输送机上，然后排到传送带上，由传送带运到指定地点。水处理系统对来自稠泥浆缓冲罐和隔膜压滤机的含有害物质的水进行无害化处理，其中回用部分的水被输送回净水储罐(见图 4-4、图 4-5)。

3.1.2 组成单元

为满足汽运和现场快速安装拆卸的要求，该套设备由 13 个橇块组成，橇块全部设计为标准集装箱框架结构，箱内为固定管路，箱间均由快接式软管连接。设备总占地面积 400m^2，现场 10d 内可完成调试安装并具备生产条件。具体组成单元如下：

(1) 进料单元

进料单元包含土壤进料斗、提取传送带共 2 个功能设备。土壤进料斗完成大于 100mm 粒径土壤的截留、小于 100mm 粒径土壤的储存以及截留物清除，料斗带有振动能防止黏附，更适用于黏土含量和含水率较高的土壤。提取传送带用于将土壤进料斗内土壤运输至斗提机或皮带机，其上配制 600m 宽的高强皮带，皮

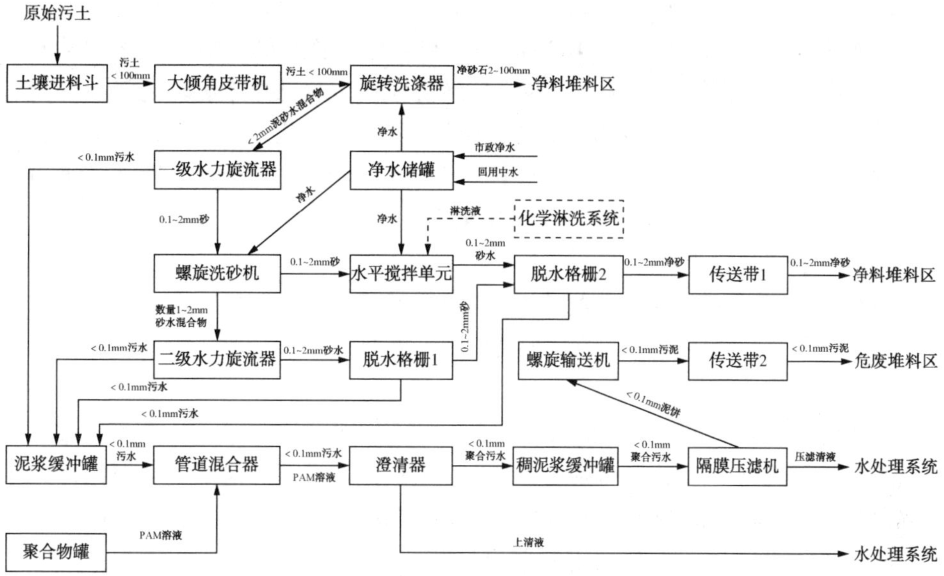

图 4-4　工艺流程

图 4-5　装备全景

带由电动辊筒驱动，下部配置皮带托辊用于承载土壤质量。提取传送带利用摩擦力将土壤由土壤进料斗底部带出并输送到斗提机或皮带机。

（2）斗提机

斗提机为一体直立式结构，安装在土壤进料单元后端，旋转洗涤器前端，用于将土壤提升到要求高度以便进入旋转洗涤器内。

（3）旋转洗涤器

旋转洗涤器安装在净水储罐上部，斗提机后部。旋转洗涤器内部安装了洗涤器及滚筒筛 2 个功能设备；同时，为完成清水的加入、输送及污水的收集和输送，框架内部安装有为上述设备服务的水管路及接口。旋转洗涤器自身做旋转运动，从而使加入的清水冲洗 2~100mm 大颗粒表面，将污染物溶解在水中并向前输送至滚筒筛。滚筒筛通过法兰安装在旋转洗涤器后端，并随旋转洗涤器外筒一起旋转。滚筒筛外部设置有喷水管，用于清理附着在筛孔上的颗粒，下部设置有接水槽，能临时储存滚筒筛流出的水和小于 2mm 的颗粒，并将它们排至水力旋流器，大于 2mm 的颗粒由滚筒筛端口排至堆料区。

(4) 净水储罐

净水储罐安装在旋转洗涤器下部。净水储罐是储存净水及接收回用水的容器，为系统各清洗设备提供水源，配套安装有水泵及附属管道、阀门、仪表等。

(5) 水力旋流单元

水力旋流单元为独立组合框架结构，安装在净水储罐内侧，与净水储罐平行放置。水力旋流器由渣浆泵、旋流器组、水力旋流器缓存罐及配套管路组成，用于储存分离从旋转洗涤器流出的污水。50μm~2mm 的颗粒被输送到螺旋洗砂机，0~50μm 的颗粒及水被输送至泥浆缓冲罐内。

(6) 泥浆缓冲罐

泥浆缓冲罐为圆柱罐体结构，安装在旋转洗涤器后端，与斗提机相对且平行，用于收集水力旋流器及洗砂总成单元排出的污水，并将污水集中输送至澄清器。安装有阀、管路及自吸式污水泵。

(7) 聚合物罐

聚合物罐安装在澄清器与旋转洗涤器之间。框架内安装 2 个加药罐(带搅拌器)、2 套隔膜计量泵及配套管路、阀门。聚合物罐由上部加药，并用搅拌器混合，由隔膜计量泵通过管路将聚合物输送至管道混合器并与污水混合。

(8) 澄清器

澄清器为立式圆筒状结构，安装在聚合物罐后端。澄清器内部配置斜管过滤器，上部配置低速搅拌器防止污泥黏底，底部配置螺杆泵，周边配置相应的输送管路。污水由泥浆缓冲罐加聚合物后，从澄清器中部位置输送进入罐内，清水上升，污泥下沉，清水溢流后由管路输送至水循环系统，污泥由螺杆泵输送至稠泥浆缓冲罐。

(9) 洗砂总成单元

洗砂总成单元安装在水力旋流器过道的一侧，与水力旋流器平行布置。洗砂总成单元内部安装有双螺旋洗砂机、脱水格栅 1 和脱水格栅 2、水平搅拌单元、集水槽 4 个功能设备；同时，为完成清水的加入、输送及污水的收集和输送，框架内部安装有为上述设备服务的水管路及接口。集水槽用于收集并缓存由脱水格栅 1、脱水格栅 2 脱出的污水，然后用泵将污水输送至泥浆缓冲罐。

(10) 化学增效单元

化学增效单元包括稠泥浆缓冲罐和反应槽。稠泥浆缓冲罐安装在澄清器后端，安装有1台潜水搅拌器，用于缓存澄清器螺杆泵排出的稠泥浆。反应槽安装在稠泥浆缓冲罐后端，安装有1台潜水搅拌器，用于使化学洗脱剂与稠泥浆充分混合反应，并为后部压滤总成单元的螺杆泵提供接口。

(11) 压滤总成单元

压滤总成单元安装在化学增效单元后端，螺旋输送总成单元上部。框架内安装有2台并联的隔膜压滤机及配套液压系统，框架顶部有防雨防UV的篷布。在螺旋输送总成单元的螺杆泵将稠泥浆缓冲罐和反应槽内的稠泥浆打入滤室后，压滤总成单元用于将其压制成泥饼并排至螺旋输送总成单元，滤出的滤液汇集并用管道输送至水处理系统。

(12) 螺旋输送总成单元

螺旋输送总成单元安装在化学增效单元后端，压滤总成单元下部。框架内安装有螺旋输送机、振动输送槽，其中1台安装有压缩空气站、螺杆泵及管路阀组。螺旋输送总成单元用于将稠泥浆缓冲罐和反应槽内的稠泥浆用螺杆泵输送至压滤总成单元，并把压滤总成单元压制的泥饼打碎，传输至传输带上。此外，它还为整个系统提供压缩空气源。

(13) 中央控制箱

中央控制箱为1个标准的集装箱，安装在澄清器外侧。框架由Q235型钢材组焊而成，外表面为彩钢板，中间为岩棉保温层，内表面为PVC装饰板，单侧2处推拉窗，同侧右边部1扇防盗门，中央控制箱内安装有照明设施、空调、电控柜。中央控制箱是电气控制中心、动力中心及办公场所。

3.2 南通市某纺织印染地块淋洗项目案例

3.2.1 项目背景

南通市某纺织印染地块建厂历史较早，早期各车间在生产及运营过程中存在原料和产生污染物的“跑、冒、滴、漏”现象，厂区内土壤和地下水存在不同程度的污染。原企业已完成搬迁，地块内建筑物已被拆除。地块后期拟规划为商业、商务、道路、绿化和广场。

3.2.2 场地条件

因周边商铺众多，距离环境敏感人群(建筑物)较近，在土壤进料处理前建设2000m^2钢结构防护大棚，集中收集预处理废气、扬尘，减少施工机械噪声。市政自来水管道直接接入处理场地方便使用。混凝土浇筑地面，场地周围设置排水沟和集水池，防止污水外流。

3.2.3 污染情况(污染物、污染浓度、深度、范围)

1. 污染物种类

土壤中污染物为重金属砷和锌。

2. 污染分布和污染浓度

(1) 第一层(0~1.7m)

第一层共计送检 49 个土壤样品，其中砷的最大检出浓度为 180.00mg/kg，最大超标倍数 9 倍，最大检出超标深度为 0.9 m；锌的最大检出浓度为 1260.00mg/kg，最大超标倍数 2.5 倍，最大检出超标深度为 1.5m(见表 4-7)。

表 4-7 第一层重金属超标情况统计

分析物种类	砷	锌	锑	镉	铅
检出样品数	49	49	10	5	49
样品检出率/%	100	100	20	10	100
超标样品数	6	2	0	0	0
样品超标率/%	12	4	0	0	0
样品数	49	49	49	49	49
最大值/(mg/kg)	180.00	1260.00	3.90	5.51	200.00
筛选值/(mg/kg)	20	500	66.3	28.3	800
最大超标倍数	9	2.5	0.1	0.2	0.3

(2) 第二层(1.7~3.5m)

第二层共计送检 34 个土壤样品，其中砷的最大检出浓度为 158.00mg/kg，最大超标倍数 7.9 倍，最大检出超标深度为 2.9m；锌的最大检出浓度为 562.00mg/kg，最大超标倍数 1.1 倍，最大检出超标深度为 2.9m(见表 4-8)。

表 4-8 第二层重金属超标情况统计

分析物种类	砷	锌	锑	镉	铅
检出样品数	34	34	9	1	34
样品检出率/%	100	100	26	3	100
超标样品数	1	1	0	0	0
样品超标率/%	3	3	0	0	0
样品数	34	34	34	34	34
最大值/(mg/kg)	158.00	562.00	4.20	5.70	245.00
筛选值/(mg/kg)	20	500	66.3	28.3	800
最大超标倍数	7.9	1.1	0.1	0.2	0.3

(3) 第三层(3.5~5.5m)

第三层共计送检35个土壤样品，该地块第三层不存在重金属超标情况(见表4-9)。

表4-9 第三层重金属超标情况统计

分析物种类	砷	锌	锑	镉	铅
检出样品数	35	35	7	0	35
样品检出率/%	100	100	20	0	100
超标样品数	0	0	0	0	0
样品超标率/%	0	0	0	0	0
样品数	35	35	35	35	35
最大值/(mg/kg)	14.16	73.10	2.24	0.25	15.00
筛选值/(mg/kg)	20	500	66.3	28.3	800
最大超标倍数	0.7	0.1	0.0	0.0	0.0

单一重金属污染土壤分布在0~3.5m，修复土方量为3076.1m^3，密度为1.9~2.1g/cm^3，约为6152t。

3. 修复目标

根据风险评估，修复目标如表4-10所示。

表4-10 场地污染土壤修复验收目标值

污染物	污染浓度范围/(mg/kg)	修复目标/(mg/kg)
As	50~180	50

4. 水文地质特点(土质、粒径分布)

南通市位于扬子板块下扬子地块东段，第四纪沉积物源丰富。南通市地层较稳定，层理清晰，各土层水平向分布较均匀，主要为粉、砂性土层，夹有薄层粉质黏土，沉积有韵律，各土层顶板较水平，土壤粒径分布如表4-11所示。

表4-11 土壤粒径分布

粒径分布	百分比/%	粒径分布	百分比/%
>5mm	12.75	0.15~1mm	22.53
2~5mm	9.04	0.075~0.15mm	13.09
1~2mm	9.94	<0.075mm	32.65

3.2.4 运营关键参数设定

运营关键参数如表4-12所示。

表 4-12　运营关键参数

项　　目		参　　数
处理能力		5t/h
淋洗设备	给料系统	输送量最大 5t/h
	大倾角皮带机	输送量最大 5t/h
	旋转洗涤器	转速 3~6r/min
	水力旋流器	污水处理量 60m^3/h
	螺旋洗砂机	处理量 10t/h
	水平搅拌单元	处理能力 5t/h
	振动脱水筛	处理能力 5t/h
	澄清器	污水处理量 60m^3/h
	隔膜压滤机	过滤面积 100m^2×2
	净水储罐	供水能力 80m^3/h、扬程 35m
占地面积/m^2		500
耗电量/kW·h/h		100
净水消耗量/(t/h)		2
水土比		8∶1
允许最大进料粒径/mm		100
运行时间		24h/d、6d/w
全年利用率/%		85
调试运营时间/d		15

3.3　蓬莱市原某磷肥厂重金属淋洗项目案例

3.3.1　项目背景

该磷肥厂位于蓬莱市沙河片区，距离海岸直线距离不足500m，周边为两座化工厂及某颜料公司原址。原磷肥厂已完成搬迁，地块内建筑物已被拆除。地块后期拟规划为商业住宅。

3.3.2　场地条件

周边属于开发地段，建筑施工单位较多，距离环境敏感人群(建筑物)较远，水电设施齐全，淋洗场地前期为化学药剂存放仓库，拆除后利用原混凝土浇筑地面，场地周围设置排水沟和集水池，防止污水外流。

3.3.3　污染情况(污染物、污染浓度、深度、范围)

1. 污染物种类

土壤中污染物为重金属铅、砷、铜、镉。

2. 污染分布和污染浓度

(1) 第一层(0~2m)

第一层共计送检 25 个土壤样品，其中砷的最大检出浓度为 120.00mg/kg，最大超标倍数 3 倍；铅的最大检出浓度为 2000.00mg/kg，最大超标倍数 3.1 倍(见表 4-13)。

表 4-13　第一层重金属超标情况统计

分析物种类	砷	铜	镉	铅
超标样品数	10	8	3	15
样品超标率/%	40	32	12	60
样品数	25	25	25	25
最大值/(mg/kg)	120.00	3526.00	31.05	2000.00
筛选值/(mg/kg)	40	2000	20	627

(2) 第二层(2~5m)

第二层共计送检 35 个土壤样品，其中砷的最大检出浓度为 108.00mg/kg，最大超标倍数 2.7 倍，最大检出超标深度为 3.9m；Pb 的最大检出浓度为 1350.00mg/kg，最大超标倍数 2.15 倍，最大检出超标深度为 4.4m(见表 4-14)。

表 4-14　第二层重金属超标情况统计

分析物种类	砷	铜	镉	铅
超标样品数	12	10	5	16
样品超标率/%	34	29	14	46
样品数	35	35	35	35
最大值/(mg/kg)	108.00	2522.00	29.75	1350.00
筛选值/(mg/kg)	40	2000	20	627

重金属污染土壤分布在 0~5m，修复土方量为 1.5 万 m^3，密度为 1.6~1.9g/cm^3，约为 2.7 万 t。

3. 修复目标

根据风险评估，修复目标如表 4-15 所示。

表 4-15　场地污染土壤修复验收目标值

污染物	污染浓度范围/(mg/kg)	修复目标/(mg/kg)
As	40~120	50
Cu	2000~3526	2000
Cd	20~31.05	20
Pb	627~2000	627

4. 水文地质特点(土质、粒径分布)

蓬莱位于胶东半岛北部突出部分，地处渤海、黄海之滨，其地势南高北低，属山前冲洪积、丘陵剥蚀平地为主的地带，平均海拔高度在 15~25m，市内主要地层结构为强风化玄武岩层，表层主要为砂性土层，夹有粉质黏土，有利于淋洗作业。土壤粒径分布如表 4-16 所示。

表 4-16　土壤粒径分布

岩土分类	颗粒组成						
	颗粒粒径大小(d)/mm						
	60~20	20~2	2~0.5	0.5~0.25	0.25~0.075	0.075~0.005	<0.005
—	%	%	%	%	%	%	%
粗砂	0	0	64.0	29.0	5.0	2.0	0
圆砾	17.6	69.2	7.5	4.5	1.0	0.2	0
粗砂	0	2.0	53.0	37.0	6.0	2.0	0
中砂	0	8.0	33.0	27.0	25.0	7.0	0
粗砂	0	0	54.0	37.0	6.0	3.0	0
中砂	0	10.0	34.0	28.0	20.0	8.0	0

3.3.4　运营关键参数设定

运营关键参数如表 4-17 所示。

表 4-17　运营关键参数

项　目		参　数
处理能力		10t/h
淋洗设备	给料系统	输送量最大 10t/h
	大倾角皮带机	输送量最大 10t/h
	旋转洗涤器	转速 3~6r/min
	水力旋流器	污水处理量 150m^3/h
	螺旋洗砂机	处理量 10t/h
	水平搅拌单元	处理能力 10t/h
	振动脱水筛	处理能力 10t/h
	澄清器	污水处理量 120m^3/h
	隔膜压滤机	过滤面积 100m^2×2
	净水储罐	供水能力 80m^3/h、扬程 35m
占地面积/m^2		625
耗电量/(kW·h/h)		150

续表

项　目	参　数
清水消耗量/(t/h)	4
水土比	5：1
允许最大进料粒径/mm	100
运行时间	24h/d、6d/w
全年利用率/%	85
调试运营时间/d	15

参　考　文　献

[1] LIU L W，LI W，SONG W P，et al. Remediation techniques for heavy metal-contaminated soils：Principles and applicability[J]. Science of the Total Environment，2018，633：206-219.

[2] KABIR E，RAY S，KIM K H，et al. Current status of trace metal pollution in soils affected by industrial activities[J]. The Scientific World Journal，2012.

[3] ZHANG P，CHEN Y G. Polycyclic aromatic hydrocarbons contamination in surface soil of China：A review[J]. Science of the Total Environment，2017，605/606：1011-1020.

[4] GONG Y Y，ZHAO D Y，WANG Q L. An overview of field-scale studies on remediation of soil contaminated with heavy metals and metalloids：Technical progress over the last decade[J]. Water Research，2018，147：440-460.

[5] DAVIS A P，HOTHA B V. Washing of various lead compounds from a contaminated soil column [J]. Journal of Environmental Engineering，1998，124：1066-1075.

[6] CLINE S R，REED B R. Lead removal from soils via bench-scale soil washing techniques [J]. Journal of Environmental Engieering，1995，121 (10)：700-705.

[7] DERMONT G，BERGERON M，MERCIER G，et al. Soil washing for metal removal：A review of physical/chemical technologies and field applications [J]. Journal of Hazardous Materials，2008，152：1-31.

[8] RIKERS R A，REM P，DALMIJN W L. Improved method for prediction of heavy metal recoveries from soil using high intensity magnetic separation (HIMS)，International Journal of Mineral Processing，1998，54：165-182.

[9] USEPA. A citizen's guide to in situ soil flushing[S]. Washington DC，USA：USEPA，1995.

[10] MULLIGAN C，YONG R，GIBBS B. Surfactant-enhanced remediation of contaminated soil：A review[J]. Engineering Geology，2001，60：371-380.

[11] KHAN F I，HUSAIN T，HEJAZI R. An overview and analysis of site remediation technologies [J]. Journal of Environmental Management，2004，71：95-122.

[12] MAO X H，JIANG R，XIAO W，et al. Use of surfactants for the remediation of contaminated soils：A review[J]. Journal of Hazardous Materials，2015，285：419-435.

[13] USEPA, 2006. In situ treatment technologies for contaminated soil: engineering forum issue paper. EPA 542-F-06-013.

[14] NAVFAC, 2002. Surfactant-enhanced aquifer remediation (SEAR) design manual, NFESC Technical Report. TR-2206-ENV.

[15] Interstate Technology and Regulatory Council (ITRC). Technical and regulatory guidance for surfactant/cosolvent flushing of DNAPL source zones. DNAPL-3, 2003.

[16] Interstate Technology and Regulatory Council (ITRC). Evaluating LNAPL remedial technologies for achieving project goals. LNAPL-2, 2009.

[17] MARINO M A, BRICKA R M, NEALE C N. Heavy metal soil remediation; The effects of attrition scrubbing on a wet gravity concentration process[J]. Environmental Progress, 1997, 16(3): 208-214.

[18] MERCIER G, DUCHESNE J, BLACKBURN D. Prediction of the efficiency of physical methods to remove metals from contaminated soils[J]. Journal of Environmental Engineering, 2001, 127(4): 348-358.

[19] HINTIKKA V, PARVINEN P, STEN P, et al. Remediation of soils contaminatedby lead and copper-containing rifle bullets[J]. Geological Survey of Finland, 2001, 32: 151-157.

[20] van BENSCHOTEN J E, MATSUMOTO M R, YOUNG W H. Evaluation and analysis of soil washing for seven lead-contaminated soils[J]. Journal of Environmental Engineering, 1997, 123(3): 217-224.

[21] CAUWENBERG P, VERDONCKT F, MAES A. Flotation as a remediation technique for heavily polluted dredged material. 2. Characterisation of floated fractions[J]. Science of the Total Environment, 1998, 209: 121-131.

[22] VANTHUYNE M, MAES A. The removal of heavy metals from contaminated soil by a combination of sulfidisation and flotation[J]. Science of the Total Environment, 2002, 290: 69-80.

[23] GOSSELIN A, BLACKBURN D, BERGERON M, 1999. Assessment protocol of the applicability of ore-processing technology to treat contaminated soils, sediments and sludges, prepared for Eco-Technology Innovation Section Technology Development and Demonstration Program, Environment Canada.

[24] USEPA. Contaminants and remedial options at selected metal-contaminated sites, EPA/540/R-95/512, Office of Research and Development, Washington, DC, 1995.

[25] WILLIFORD C W, BRICKA R M. Physical separation of metal-contaminated soils, in: I. K. Iskandar (Ed.), Environmental restoration of metals-contaminated soils[M]. 1st ed., CRC Press LLC, Boca Raton, FL, 2000: 121-165.

[26] USEPA. Technology Alternatives for the Remediation of Soils Contaminated with As, Cd, Cr, Hg, and Pb, Engineering Bulletin, EPA/540/S-97/500, Office of Solid Waste and Emergency Response, Washington, DC, 1997.

[27] Interstate Technology and Regulatory Council (ITRC), Technical and Regulatory Guidelines for Soil Washing, Metals in Soils Work Team, Washington, DC, 1997.

[28] MULLIGAN C N, YONG R N, GIBBS B F. An evaluation of technologies for the heavy metal remediation of dredged sediments[J]. Journal of Hazardous Materials, 2001, 85: 145-163.

[29] BERGERON M. Method of decontaminating soil, U. S. Patent. 6915908[P]. 2005.

[30] VENGHAUS T, WERTHER J. Flotation of a zinc-contaminated soil. Advances in Environmental Research, 1998, 2(1): 77-91.

[31] BERGERON M, BLACKBURN D, ST-LAURENT H, et al. Sediment and soil remediation by column flotation, U. S. Patent. 6273263[P]. 2001.

[32] VANTHUYNE M, MAES A, CAUWENBERG P. The use of flotation techniques in the remediation of heavy metal contaminated sediments and soils: an overview of controlling factors [J]. Minerals Engineering, 2003, 16(11): 1131-1141.

[33] VANTHUYNE M, MAES A. The removal of heavy metals from dredged sediments by mechanical Denver flotation: the contribution of true flotation and entrainment[J]. Land Contamination and Reclamation, 2007, 15: 15-30.

[34] KIRJAVAINEN V M. Review and analysis of factors controlling the mechanical flotation of gangue minerals[J]. International Journal of Mineral Processing, 1996, 46 (1/2): 21-34.

[35] KYLLONEN H, PIRKONEN P, HINTIKKA V, et al. Ultrasonically aided mineral processing technique for remediation of soil contaminated by heavy metals[J]. Ultrasonics Sonochemistry, 2004, 11: 211-216.

[36] GILBERT S R, WEYAND T E. Nonmetallic abrasive blasting material recovery process including an electrostatic separation step. U. S. Patent. 4943368[P]. 1990.

[37] WILLIFORD C W, LI Z, WANG Z, et al. Vertical column hydroclassification of metal-contaminated soils[J]. Journal of Hazardous Materials, 1999, 66: 15-30.

[38] MARINO M A, BRICKA R M, NEALE C N. Heavy metal soil remediation: The effects of attrition scrubbing on a wet gravity concentration process[J]. Environmental Progress, 1997, 16 (3): 208-214.

[39] YARLAGADDA P S, MATSUMOTO M R, van BENSCHOTEN J E, et al. Characteristics of heavy metals in contaminated soils[J]. Journal of Environmental Engineering, 1995, 121(4): 276-286.

[40] VENDITTI D, DURECU S, BERTHELIN J. A multidisciplinary approach to assess history, environmental risks, and remediation feasibility of soils contaminated by metallurgical activities. Part A. Chemical and physical properties of metals and leaching ability[J]. Archives of Environmental Contamination and Toxicology, 2000, 38: 411-420.

[41] DAHLIN C L, WILLIAMSON C A, KEITH COLLINS W, et al. Sequential extraction versus comprehensive characterization of heavy metal species in brownfield soils[J]. Environmental Forensics, 2002, 3: 191-201.

[42] GUPTA C K, MUKHERJEE T K. Hydrometallurgy in Extraction Process vol. 1[M]. CRC Press, Boca Raton, FL, USA, 1990.

[43] TAMPOURIS S, PAPASSIOPI N, PASPALIARIS I. Removal of contaminant metals from fine

grained soils, using agglomeration, chloride solutions and pile leaching techniques[J]. Journal of Hazardous Materials, 2001, 84: 297-319.

[44] KUO S, LAI M S, Lin C W. Influence of solution acidity and $CaCl_2$ concentration on the removal of heavy metals from metal-contaminated rice soils[J]. Environmental Pollution, 2006, 144: 918-925.

[45] ISOYAMA M, WADA S I. Remediation of Pb-contaminated soils by washing with hydrochloric acid and subsequent immobilization with calcite and allophanic soil[J]. Journal of Hazardous Materials, 2007, 143: 636-642.

[46] ZHAI X Q, LI Z W, HUANG B, et al. Remediation of multiple heavy metal-contaminated soil through the combination of soil washing and in situ immobilization[J]. Science of the Total Environment, 2018, 635: 92-99.

[47] MOUTSATSOU A, GREGOU M, MATSAS D, et al. Washing as a remediation technology applicable in soils heavily polluted by mining-metallurgical activities[J]. Chemosphere, 2006, 63: 1632-1640.

[48] KO I, CHANG Y Y, LEE C H, et al. Assessment of pilot-scale acid washing of soil contaminated with As, Zn and Ni using the BCR three-step sequential extraction[J]. Journal of Hazardous Materials, 2005, 127: 1-13.

[49] WANG Y, MA F, ZHANG Q, et al. An evalu- ation of different soil washing solutions for remediating arsenic-contaminated soils[J]. Chemosphere, 2017, 173: 368-372.

[50] YOO J C, LEE C, LEE J S, et al. Simultaneous application of chemical oxidation and extraction processes is effective at remediating soil Co-contaminated with petroleum and heavy metals [J]. Journal of Environmental Management, 2017, 186: 314-319.

[51] CRANE R A, SAPSFORD D J. Towards greener lixiviants in value recovery from mine wastes: Efficacy of organic acids for the dissolution of copper and arsenic from legacy mine tailings [J]. Minerals, 2018, 8(9): 383.

[52] GIACOMINO A, MALANDRINO M, ABOLLINO O, et al. An approach for arsenic in a contaminated soil: speciation, fractionation, extraction and effluent decontamination[J]. Environmental Pollution, 2010, 158(2): 416-423.

[53] TEJOWULAN R S, HENDERSHOT W H. Removal of trace metals from contaminated soils using EDTA incorporating resin trapping techniques[J]. Environmental Pollution, 1998, 103(1): 135-142.

[54] MAKINO T, TAKANO H, KAMIYA T, et al. Restoration of cadmium-contaminated paddy soils by washing with ferric chloride: Cd extraction mechanism and bench-scale verification [J]. Chemosphere, 2008, 70(6): 1035-1043.

[55] NEDWED T, CLIFFORD D A. Feasibility of extracting lead from lead battery recycling site soil using high-concentration chloride solutions[J]. Environmental Progress, 2000, 19: 197-206.

[56] LIN H K, MAN X D, WALSH D E. Lead removal via soil washing and leaching[J]. Journal of the Minerals Metals & Materials Society, 2001, 53: 22-25.

[57] WASAY S A, PARKER W J, VanGEEL P J. Removal of lead from a calcareous soil by chloride complexation[J]. Soil Sediment Contamination, 2002, 11: 841-859.

[58] WANG G Y, ZHANG S R, ZHONG Q M, et al. Feasibility of Chinese cabbage (*Brassica bara*) and lettuce (*Lactuca sativa*) cultivation in heavily metals-contaminated soil after washing with biodegradable chelators[J]. Journal of Cleaner Production, 2018, 197: 479-490.

[59] WANG J J, ZENG X B, ZHANG H, et al. Effect of exogenous phosphate on the lability and phytoavailability of arsenic in soils[J]. Chemosphere, 2018, 196: 540-547.

[60] ABUMAIZAR R J, SMITH E H. Heavy metal contaminants removal by soil washing[J]. Journal of Hazardous Material, 1999, 70: 71-86.

[61] PETERS R W. Chelant extraction of heavy metals from contaminated soils[J]. Journal of Hazardous Materials, 1999, 66: 151-210.

[62] SUN B, ZHAO F J, LOMBI E, et al. Leaching of heavy metals from contaminated soils using EDTA[J]. Environmental Pollution, 2001, 113: 111-120.

[63] FINZGAR N, LESTAN D. Multi-step leaching of Pb and Zn contaminated soils with EDTA [J]. Chemosphere, 2007, 66: 824-832.

[64] LIM T T, CHUI P C, GOH K H. Process evaluation for optimization of EDTA use and recovery for heavy metal removal from a contaminated soil[J]. Chemosphere, 2005, 58: 581031-581040.

[65] DI PALMA L, FERRANTELLI P. Copper leaching from a sandy soil: mechanism and parameters affecting EDTA extraction [J]. Journal of Hazardous Materials B, 2005, 122: 85-90.

[66] EHSAN S, PRASHER S O, MARSHALL W D. A washing procedure to mobilize mixed contaminants from soil. II. Heavy metals [J]. Journal of Environmental Quality, 2006, 35: 2084-2091.

[67] PAPASSIOPI N, TAMBOURIS S, KONTOPOULOS A. Removal of heavy metals from calcareous contaminated soils by EDTA leaching[J]. Water Air and Soil Pollution, 1999, 109: 1-16.

[68] ELLIOTT H A, SHASTRI N L. Extractive decontamination of metal polluted soils using oxalate [J]. Water Air and Soil Pollution, 1999, 110: 335-346.

[69] USEPA. A Literature Review Summary of Metals Extraction Processes Used to Remove Lead from Soils, Project Summary, EPA/600/SR-94/006, Office of Research and Development, Cincinnati, OH, 1994.

[70] ZHANG W H, LO I M C. EDTA-enhanced washing for remediation of Pb and/or Zn-contaminated soils[J]. Journal of Environmental Engineering, 2006, 132: 1282-1288.

[71] FENG W J, ZHANG S R, ZHONG Q M, et al. Soil washing remediation of heavy metal from contaminated soil with EDTMP and PAA: properties, optimization, and risk assessment [J]. Journal of Hazardous Materials, 2020, 381: 120997.

[72] ULLMANN A, BRAUNER N, VAZANA S, et al. New biodegradable organic-soluble chelating agents for simultaneous removal of heavy metals and organic pollutants from contaminated media [J]. Journal of Hazardous Materials, 2013, 260: 676-688.

[73] KOLODYNSKA D. Cu(Ⅱ), Zn(Ⅱ), Co(Ⅱ) and Pb(Ⅱ) removal in the presence of the complexing agent of a new generation[J]. Desalination, 2011, 267(2/3): 175-183.

[74] KOLODYNSKA D. Application of a new generation of complexing agents in removal of heavy metal ions from different wastes[J]. Environmental Science and Pollution Research, 2013, 20(9): 5939-5949.

[75] WANG G Y, ZHANG S R, XU X X, et al. Heavy metal removal by GLDA washing: optimization, redistribution, recycling, and changes in soil fertility[J]. Science of the Total Environment, 2016, 569/570: 557-568.

[76] XIA Z H, ZHANG S R, CAO Y R, et al. Remediation of cadmium, lead and zinc in contaminated soil with CETSA and MA/AA [J]. Journal of Hazardous Materials, 2019, 366: 177-183.

[77] WUANA R A, OKIEIMEN F E, IMBORVUNGU J A. Removal of heavy metals from a contaminated soil using organic chelating acids[J]. International Journal of Environmental Science and Technology, 2010, 7(3): 485-496.

[78] GUO X F, ZHAO G H, ZHANG G X, et al. Effect of mixed chelators of EDTA, GLDA, and citric acid on bioavailability of residual heavy metals in soils and soil properties[J]. Chemosphere, 2018, 209: 776-782.

[79] BEGUM Z A, RAHMAN I M M, Tate Y, et al. Remediation of toxic metal contaminated soil by washing with biodegradable aminopolycarboxylate chelants. Chemosphere, 2012, 87(10): 1161-1170.

[80] NAGHIPOUR D, GHARIBI H, TAGHAVI K, et al. Influence of EDTA and NTA on heavy metal extraction from sandy-loam contaminated soils[J]. Journal of Environmental and Chemical Engineering, 2016, 4(3): 3512-3518.

[81] ASH C, TEJNECKY V, BORUVKA L, et al. Different low-molecular-mass organic acids specifically control leaching of arsenic and lead from contaminated soil[J]. Journal of Contaminant Hydrology, 2016, 187: 18-30.

[82] SUN Y H, GUAN F., YANG W W, et al. Removal of chromium from a contaminated soil using oxalic acid, citric acid, and hydrochloric acid: dynamics, mechanisms, and concomitant removal of non- targeted metals[J]. International Journal of Environmental Research and Public Health, 2019, 16(15): 2771.

[83] ETIM E U. Batch leaching of Pb-contaminated shooting range soil using citric acid-modified washing solution and electrochemical reduction [J]. International Journal of Environmental Science and Technology, 2019, 16(7): 3013-3020.

[84] KIM E J, BAEK K. Selective recovery of ferrous oxalate and removal of arsenic and other metals from soil-washing waste- water using a reduction reaction[J]. Journal of Cleaner Production, 2019, 221: 635-643.

[85] ZOU Q, XIANG H L, JIANG J G, et al. Vanadium and chromium-contaminated soil remediation using VFAs derived from food waste as soil washing agents: A case study[J]. Journal of En-

vironmental Management, 2019, 232: 895-901.

[86] CRANE R A, SAPSFORD D J. Towards greener lixiviants in value recovery from mine wastes: Efficacy of organic acids for the dissolution of copper and arsenic from legacy mine tailings [J]. Minerals, 2018, 8(9): 383.

[87] MOON D H, PARK J W, KOUTSOSPYROS A, et al. Assessment of soil washing for simultaneous removal of heavy metals and low-level petroleum hydro-carbons using various washing solutions[J]. Environmental Earth Sciences, 2016, 75(10): 884.

[88] ZOU Q, GAO Y C, YI S, et al. Multi-step column leaching using low-molecular-weight organic acids for remediating vanadium- and chromium-contaminated soil[J]. Environmental Science and Pollution Research, 2019, 26: 15406-15413.

[89] QIU R L, ZOU Z L, ZHAO Z H, et al. Removal of trace and major metals by soil washing with Na2E-DTA and oxalate[J]. Journal of Soils and Sediments, 2010, 10(1): 45-53.

[90] DO NASCIMENTO C W A, AMARASIRIWARDENA D, XING B. Comparison of natural organic acids and synthetic chelates at enhancing phytoextraction of metals from a multi-metal contaminated soil[J]. Environmental Pollution, 2006, 140(1): 114-123.

[91] DERAKHSHAN NEJAD Z, JUNG M C, KIM K H. Remediation of soils contaminated with heavy metals with an emphasis on immobilization technology[J]. Environmental Geochemistry and Health, 2018, 40(3): 927-953.

[92] YAN D Y S, LO I M C. Pyrophosphate coupling with chelant-enhanced soil flushing of field contaminated soils for heavy metal extraction[J]. Journal of Hazardous Materials, 2012, 199/200: 51-57.

[93] CHEN Y C, XIONG Z T, DONG S Y. Chemical behavior of cadmium in purple soil as affected by surfactants and EDTA[J]. Pedosphere, 2006, 16(1): 91-99.

[94] 丁宁，徐贝妮，彭灿，等．表面活性剂淋洗去除高岭土中镉和铅的研究[J]．环境科学与技术，2017，40(8)：189-193.

[95] LI G, GUO S H, HU J X. The influence of clay minerals and surfactants on hydrocarbon removal during the washing of petroleum-contaminated soil[J]. Chemical Engineering Journal, 2016, 286: 191-197.

[96] KWON M J, O'LOUGHLIN E J, HAM B, et al. Application of an in-situsoil sampler for assessing subsurface biogeochemical dynamics in a diesel-contaminated coastal site during soil flushing operations[J]. Journal of Environmental Management, 2018, 206: 938-948.

[97] GUSIATIN Z M, KLIMIUK E. Metal (Cu, Cd and Zn) removal and stabilization during multiple soil washing by saponin[J]. Chemosphere, 2012, 86(4): 383-391.

[98] 丁宁，徐贝妮，彭灿，等．比较两种表面活性剂淋洗去除土壤中的重金属[J]．环境工程学报，2017，11(11)：6147-6154.

[99] SARWAR N, IMRAN M, SHAHEEN M R, et al. Phytoremediation strategies for soils contaminated with heavy metals: modifications and future perspectives[J]. Chemosphere, 2017, 171: 710-721.

[100] GUSIATIN Z M. Tannic acid and saponin for removing arsenic from brownfield soils: mobilization, distribution and speciation [J]. Journal of Environmental Sciences, 2014, 26(4): 855-864.

[101] KLIK B K, GUSIATIN Z M, KULIKOWSKA D. Simultaneous multi-metal removal from soil with washing agents of waste, plant and microbial origin[J]. Soil and Sediment Contamination, 2019, 28(8): 773-791.

[102] WEN J, XING L, WANG Y X, et al. Chemical and microbiological responses of heavy metal contaminated sediment subject to washing using humic substances[J]. Environmental Science and Pollution Research, 2019, 26: 26696-26705.

[103] DAMIAN G E., MICLE V, Sur I M. Mobilization of Cu and Pb from multi-metal contaminated soils by dissolved humic substances extracted from leonardite and factors affecting the process [J]. Journal of Soils Sediments, 2019, 19(7): 2869-2881.

[104] FAN C H, Zhang Y C. Environmentally friendly remediation of lead/ cadmium co-contaminated loess soil in northwestern China using a humificated straw solution[J]. Environmental Science and Pollution Research, 2018, 25(25): 25243-25254.

[105] ADANI F, TAMBONE F, DAVOLI E, et al. Surfactant properties and tetrachloroethene (PCE) solubilisation ability of humic acid-like substances extracted from maize plant and from organic wastes: A comparative study[J]. Chemosphere, 2010, 78: 1017-1022.

[106] QUADRI G, CHEN X, JAWITZ J W, et al. Biobased surfactant-like molecules from organic wastes: the effect of waste composition and composting process on surfactant properties and on the ability to solubilize tetrachloroethene (PCE)[J]. Environmental Science and Technology, 2008, 42: 2618-2623.

[107] CONTE P, AGRETTO A, SPACCINI R, et al. Soil remediation: humic acids as natural surfactants in the washings of highly contaminated soils[J]. Environmental Pollution, 2005, 135: 515-522.

[108] MONTONERI E, BOFFA V, SAVARINO P, et al. Use of biosurfactants from urban wastes compost in textile dyeing and soil remediation[J]. Waste Management, 2009, 29: 383-389.

[109] BONAL N S, PARAMKUSAM B R, BASUDHAR P K. Enhancement of surfactant efficacy during the cleanup of engine oil contaminated soil using salt and multi-walled carbon nanotubes [J]. Journal of Hazardous Materials, 2018, 351: 54-62.

[110] ZHANG L L, van GESTEL C A M. Effect of ageing and chemical form on the bioavailability and toxicity of Pb to the survival and reproduction of the soil invertebrate Enchytraeus crypticus [J]. Science of the Total Environment, 2019, 664: 975-983.

[111] LOPEZ-VIZCAINO R, SAEZ C, CANIZARES P, et al. The use of a combined process of surfactant-aided soil washing and coagulation for PAH-contaminated soils treatment[J]. Separation and Purification Technology, 2012, 88: 46-51.

[112] de MELO HENRIQUE J M, de ANDRADE D C, BARROS NETO E L, et al. Solar-powered BDD-electrolysis remediation of soil washing fluid spiked with diesel[J]. Journal of Chemical

Technology and Biotechnology, 2019, 94: 2999-3006.

[113] ZHU K, HART W, YANG J. Remediation of petroleum-contaminated loess soil by surfactant-enhanced flushing technique[J]. Journal of Environmental Science and Health Part A, 2005, 40(10): 1877-1893.

[114] HERNANDEZ-ESPRIU A, SANCHEZ-LEON E, MARTINEZ-SANTOS P, et al. Remediation of a diesel-contaminated soil from a pipeline accidental spill: Enhanced biodegradation and soil washing processes using natural gums and surfactants[J]. Journal of Soils and Sediments, 2012, 13: 152-165.

[115] ZACARIAS-SALINAS M, VACA M, FLORES M A, et al. Surfactant-enhanced washing of soils contaminated with wasted-automotive oils and the quality of the produced wastewater [J]. Journal of Environmental Protection, 2013, 4: 1495-1501.

[116] GAN X H, TENG Y, REN W J, et al. Optimization of ex-situ washing removal of polycyclic aromatic hydrocarbons from a contaminated soil using nano-sulfonated graphene[J]. Pedosphere, 2017, 27(3): 527-536.

[117] BAI X X, WANG Y, ZHENG X, et al. Remediation of phenanthrene contaminated soil by coupling soil washing with Tween 80, oxidation using the UV/$S_2O_8^{2-}$ process and recycling of the surfactant[J]. Chemical Engineering Journal, 2019, 369: 1014-1023.

[118] LEE M, KANG H, DO W. Application of nonionic surfactant-enhanced in situ flushing to a diesel contaminated site[J]. Water Research, 2005, 39: 139-146.

[119] ZHAO B W, CHE H L, WANG H F, et al. Column flushing of phenanthrene and copper(Ⅱ) co-contaminants from sandy soil using tween 80 and citric acid[J]. Soil and Sediment Contamination, 2016, 25: 50-63.

[120] AHN C K, KIM Y M, WOO S H, et al. Soil washing using various nonionic surfactants and their recovery by selective adsorption with activated carbon[J]. Journal of Hazardous Materials, 2008, 154(1/2/3): 153-160.

[121] LIU J F. Soil remediation using soil washing followed by ozone oxidation [J]. Journal of Industrial and Engineering Chemistry, 2018, 65: 31-34.

[122] BAZIAR M, MEHRASEBI M R, ASSADI A, et al. Efficiency of non-ionic surfactants-EDTA for treating TPH and heavy metals from contaminated soil[J]. Journal of Environmental Health Science and Engineering, 2013, 11: 41.

[123] REDDY K R, AL-HAMDAN A Z, ALA P. Enhanced soil flushing for simultaneous removal of PAHs and heavy metals from industrial contaminated soil[J]. Journal of Hazardous, Toxic, and Radioactive Waste, 2011, 15(3): 166-174.

[124] LIU Q J, DENG Y, TANG J P, et al. Potassium lignosulfonate as a washing agent for remediating lead and copper co-contaminated soils[J]. Science of the Total Environment, 2019, 658: 836-842.

[125] LAHODA E J, GRANT D C. Method and apparatus for cleaning contaminated particulate material, U. S. Patent 5268128[P]. 1993.

[126] REDDY K R, CHINTHAMREDDY S. Comparison of extractants for removing heavy metals from contaminated clayey soils[J]. Soil and Sediment Contamination, 2000, 9: 449-462.

[127] WANG F, WANG H L, AL-TABBAA A. Leachability and heavy metal speciation of 17-year old stabilised/solidified contaminated site soils[J]. Journal of Hazardous Materials, 2014, 278: 144-151.

[128] WANG G Y, ZHANG S R, XU X X, et al. Efficiency of nanoscale zero-valent iron on the enhanced low molecular weight organic acid removal Pb from contaminated soil[J]. Chemosphere, 2014, 117(1): 617-624.

[129] WANG K, LIU Y H, SONG Z G, et al. Effects of bio-degradable chelator combination on potentially toxic metals leaching efficiency in agricultural soils [J]. Ecotoxicology and Environmental Safety, 2019, 182: 109399.

[130] BEIYUAN J, LAU A Y T, Tsang D C W, et al. Chelant-enhanced washing of CCA-contaminated soil: coupled with selective dissolution or soil stabilization[J]. Science of the Total Environment, 2018, 612: 1463-1472.

[131] YOO J C, PARK S M, YOON G S, et al. Effects of lead mineralogy on soil washing enhanced by ferric salts as extracting and oxidizing agents[J]. Chemosphere, 2017, 185: 501-508.

[132] BEIYUAN J, TSANG D C W, VALIX M, et al. Combined application of EDDS and EDTA for removal of potentially toxic elements under multiple soil washing schemes[J]. Chemosphere, 2018, 205: 178-187.

[133] BEIYUAN J, LI J S, TSANG D C W, et al. Fate of arsenic before and after chemical-enhanced washing of an arsenic-containing soil in Hong Kong[J]. Science of the Total Environment, 2017, 599-600: 679-688.

[134] SHI Z T, CHEN J J, LIU J F, et al. Anionic-nonionic mixed-surfactant-enhanced remediation of PAH-contaminated soil[J]. Environmental Science and Pollution Research, 2015, 22(16): 12769-12774.

[135] GUO X F, YANG Y H, JI L, et al. Revitalization of mixed chelator-washed soil by adding of inorganic and organic amendments[J]. Water Air and Soil Pollution, 2019, 230(6): 112.

[136] MASON T J. Sonochemistry and the environment-providing a "green" link between chemistry, physics and engineering[J]. Ultrasonics Sonochemistry, 2007, 14: 476-483.

[137] SANDOVAL-GONZALEZ A, SILVA-MARTINEZ S, BLASS-AMADOR G. Ultrasound leaching and electrochemical treatment combined for lead removal soil[J]. Journal of New Materials for Electrochemical Systems, 2007, 10: 195-199.

[138] MEEGODA J N, PERERA R. Ultrasound to decontaminate heavy metals in dredged sediments [J]. Journal of Hazardous Materials, 2001, 85: 73-89.

[139] USEPA, Method 1311: Toxicity characteristic leaching procedure, part of test methods for evaluating solid waste, physical/chemical Methods[S]. USEPA, 1992.

第 5 章　热脱附技术

1　背景

热脱附属于热处理的一种类型，是通过直接热交换或间接热交换，将土壤中的污染物加热到足够温度(通常为 150~540℃)，使其从土壤介质中挥发或分离，进入气体处理系统的过程。一般认为，该方法是将污染物从一相转化为另一相的物理分离过程，在修复过程中不出现对污染物的分解或破坏[1]。该方法适用于处理土壤中大多数挥发性和半挥发性污染物，如 PAHs、其他非卤代半挥发性有机物、苯系物、其他非卤代挥发性有机物、有机农药和除草剂、其他卤代半挥发性有机物、卤代挥发性有机物、PCBs 和 Hg[2]。可以看出，该方法的适用范围为挥发性和半挥发性污染物。该方法具有处理不同类型污染物的能力，且处理周期短、效率高、安全性高、无二次污染，处理后的土壤和/或污染物可再利用。因此，热脱附已被广泛应用于修复污染物浓度高、面积小、亟须治理的场地。

2　技术分类

根据待去除污染物的理论沸点温度，热脱附可分为低温热脱附和高温热脱附。然而，其分界温度并不绝对，但通常在 300~350℃。当加热温度低于此温度范围时为低温热脱附，适用于处理低沸点 VOCs，如汽油和苯。当加热温度高于此温度范围时为高温热脱附，适用于处理高沸点的半挥发性 VOCs(如 PAHs、PCBs)或无机物(如 Hg)。

在工程应用中，热脱附根据修复位置可分为原位热脱附和异位热脱附。原位热脱附可以避免土壤的挖掘和运输。该方法操作步骤简单，处理成本低，但修复时间长。异位热脱附适用于处理污染物浓度高、风险高、污染土壤量少的场地。该方法处理效率高，但成本高，运输过程中易遗撒。下面对原位热脱附和异位热脱附技术分别进行介绍。

2.1　原位热脱附

原位热脱附技术是石油污染土壤原位修复技术中一种重要方法(见图 5-1)，主要用于处理一些比较难开展异位环境修复的区域，如土壤深层及建筑物下面的污染区域。原位热脱附技术是将土壤加热至目标污染物的沸点以上，通过控制系统温度和物料停留时间有选择地促使污染物气化，使目标污染物与土壤分离并去除。土壤被加热后，土壤中的 VOCs 和半挥发性 SVOCs 除气化外，还可能通过蒸汽蒸馏(随着水蒸气一并蒸馏出来)、氧化、高温分解等一种或多种机制被去除。

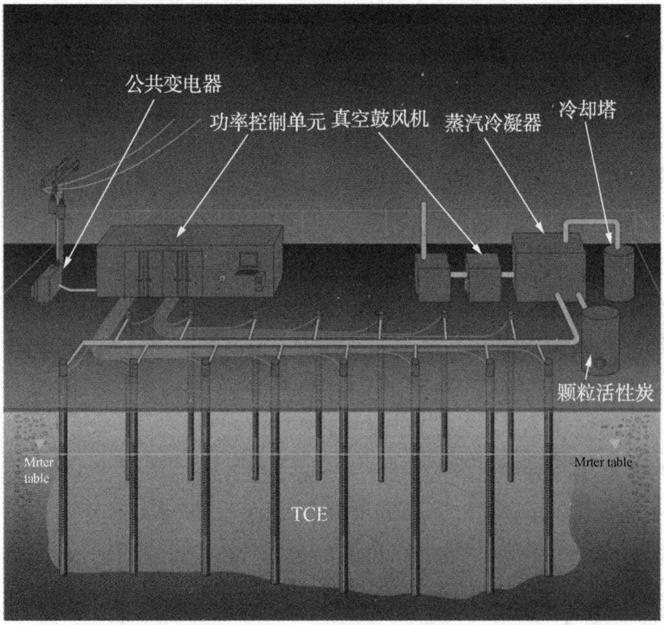

图 5-1　电阻热脱附技术

原位热脱附技术可有效去除含氯有机物(CVOCs)、苯系物(BTEX)、石油烃类(TPH)、汞(Hg)、多环芳烃(PAHs)、多氯联苯(PCBs)、二噁英等污染物，也可处理自由相污染物(NAPL)，适用于焦化厂、钢铁厂、煤制气厂、石油化工厂、地下油库、农药厂等有机污染场地。相比异位热脱附，原位热脱附具有以下优点：①无须开挖，适合无法实施开挖工程的建筑物或污染深度较大的场地；②使绝大多数污染物在地下环境就被降解，只有一小部分被抽出，从而有效避免二次污染。在北美和欧洲，原位热脱附已应用于大规模土壤修复，并取得了非常好的效果，四氯乙烯、三氯乙烯、二氯乙烯在某污染场地的去除率均达到 99.6%以上[3,4]，我国的工程案例近年来也逐渐增多。目前主要应用的原位热脱附技术有电阻热脱附技术(ERH)、热传导热脱附技术(TCH)、蒸汽热脱附技术(SEE)和电磁波热脱附技术。

2.1.1　电阻热脱附技术

电阻热脱附技术是通过向土壤中插入电极，将土壤和地下水作为电阻，连通高压电，形成电流回路，将电能转化成热能，使土壤温度升高，将污染物转化成气体，进而通过抽提将土壤污染物去除。加热所需的电压取决于污染区土壤中水分和地下水的电导率。加热使土壤中水分蒸发，含水量较高土壤的升温速率高于含水量较低的土壤[5]。上层土壤孔隙度高，水分容易蒸发，含水量一般较低；下层土壤水分一般不能完全蒸发，含水量一般较高。此外，离电极较近的土壤更容易干燥，使得土壤整体电阻增大，使修复效率降低，因此有时需要在每个电极周围持续滴加水或电解液，以保持足够的导电性[6]。在电阻加热期间，地表应覆盖绝缘蒸汽屏障。水分流失与土壤电阻的关系由土壤本身的性质决定。该技术利用焦耳定律将土壤均匀加热至100~120℃，对大部分VOCs去除效果良好。相比于其他方法，该方法具有升温速度快、施工方便、适用于各种复杂地质条件和对土壤扰动小等特点[7]。

该方法通过对电极之间电流流动的阻力使处理过的土壤升温，直至部分土壤中的水分转化为蒸汽。这种原位蒸汽产生可发生在所有类型的土壤，以及断裂的或多孔岩石中。电能使目标污染物蒸发，还可产生蒸汽作为载气，将污染物吹扫到回收井中，以便在地面进行捕获和最终处理。电源控制单元(PCU)将市政电力的三相电引至修复电极，电流可同时或者顺序地引至电极组或电极间隔，这取决于被处理土壤的体积及所需的加热模式。将三相电转化为六相电系统可更均匀地进行加热分配，有利于防止加热区域出现未升温区域，但六相电的转化成本更高[8]。因此六相电适用于实验室规模，而三相电系统更适合中试和工业规模土壤修复[9]。地下温度、电压、气流和压力数据被自动收集并上传到PCU上，用于直接或远程监控现场活动。在地下预定的位置设置热电偶测量地下土壤温度。

整体电阻热脱附技术加热模式非常均匀。但是，虽然目标处理土壤被同时加热，但当电流在电极间移动时，它更倾向于采用电阻较低的路径，因此这些路径上的土壤加热速度稍快一些。低电阻路径主要包括淤泥或黏土透镜体和较高自由离子含量的区域。当氯化污染物通过岩性下沉时，它们会被困在淤泥和黏土透镜体上。随着时间推移会经历自然脱卤过程，产生子化合物和游离氯离子。因此在氯化烃位点，受影响最大的部分也是电阻热脱附优先处理的低电阻路径。在随后的修复过程中，对低渗透性土壤和污染有机物集中点的加热和修复速度略快于其他位置。此外，土壤的其他性质(如土壤颗粒的大小)也对修复效果有明显影响。

电阻热脱附将地下土壤温度升至水的沸点，主要通过两种机制加速污染物去除：增加挥发和原位蒸汽汽提。随着地下温度攀升，污染物蒸汽压力和相应的污染物提取率通常会增加约30倍。电阻热脱附就地产生水蒸气的能力代表其相对于其他地下加热技术的最显著优势。通过优先加热，电阻热脱附从淤泥和黏土细脉及透镜中产生水蒸气。水蒸气从紧密的土壤透镜中逸出的物理作用将部分污染物驱离土壤基质，这部分土壤基质倾向于通过低渗透性或毛细力锁定污染物。然后释放的水蒸气作为载气，将污染物吹扫至在饱和区和渗流区建造的蒸汽或多相萃取井中。当加热开始后，各种 VOCs/水混合物达到沸点的顺序为：与水或潮湿土壤接触的 NAPL、含有溶解 VOCs 的地下水、纯地下水。这个顺序对土壤修复有利，因为受污染的水会在未受污染的水之前蒸发掉，从而减少完成处理所需的时间和工作量。

尽管挥发通常是电阻热脱附工艺中 VOCs 的主要去除机制，但 VOCs 也可通过原位工艺降解，包括生物降解、水解和零价铁的还原脱卤。氯代烃生物降解最常见的是厌氧过程。加热会增加降解速率，远远超出在环境条件下通常观察到的速率。当加热温度低于 70℃时，生物降解占主导地位。在总有机碳(TOC)含量高的位点，加热的作用尤其重要，它为电子供体提供碳源。该位点水的沸腾将一部分天然 TOC 转化为水溶性形式，因此使 TOC 更具生物可利用性。

目前关于电阻热脱附的报道，目标污染物主要为含氯污染物。美国华盛顿刘易斯堡的一个垃圾填埋场中氯化物 VOCs 是土壤和地下水中主要的化学物质。该研究采用电阻热脱附分三个阶段进行处理，对三氯乙烯(TCE)的平均去除率超过 99.98%[11]。结果表明，对于非均质多孔土壤，在使用电阻热脱附时通风是必要的。在 73.4℃存在一个 TCE 与水的共沸平台期，持续加热达到 100℃后，对 TCE 去除率最高可达到 96.96%[12]。在两个采用电阻加热原位修复土壤中 1,4-二噁烷案例中，对 1,4-二噁烷去除率均高于 99.8%[13]。Heron 等[10]研究表明工业规模水蒸气增效抽提电阻加热可有效去除 TCE、甲苯、二氯甲烷、顺 1，2-二氯乙烯等 NAPL 复合污染物，去除率为 98.85%~99.99%。当处理区域被处理系统完全包围并运行足够长的时间时，电阻热脱附在 100℃以下可去除>90%的含氯有机污染物[15]。低温电阻加热(30~40℃)单独使用时效果较差，对低渗透性土壤中污染物四氯乙烯去除率仅为 33.3%，当与电动辅助输送氧化剂、过硫酸盐联合使用时，可激活过硫酸盐，实现对四氯乙烯 99.95%的去除率[16]。在与其他方法联合使用时，电阻加热的温度可显著降低。如 Truex 等[17]将零价纳米铁与电阻低温(<50℃)加热联合去除土壤中的 TCE，去除率可达到 85%。表 5-1 所示为部分国外采用电阻热脱附进行污染场地修复的工程案例[18]。

表 5-1　电阻热脱附工程修复案例

污染场地名称	年份	处理温度/℃	土壤性质	主要污染物	处理土壤/m^3	工期/月
美国伊利诺伊州未知制造场	1998—1999	100	异质沙土和粉土	含氯 VOCs (CVOCs)	26377	11

续表

污染场地名称	年份	处理温度/℃	土壤性质	主要污染物	处理土壤/m^3	工期/月
美国 Avery Dennison 场地	1999—2000	75	粉土，冰渍物	含氯 VOCs (CVOCs)	21000	12
美国 Charleston 海军综合基地	2001—2002	92	不连续层的沙土、粉土、黏土	含氯 VOCs (CVOCs)	3287	9
美国 Hunter 空军基地、原泵房两块场地	2002	90	沙土、极细至细砾石	VOCs、PAHs	26759	4
美国原干洗设施	2006—2007	100	粉土、沙土、黏土	含氯 VOCs (CVOCs)	—	15

注：“—”表示未知。

2.1.2 热传导热脱附技术

热传导热脱附技术是通过热传导方式加热修复区域，通过动力控制以抽真空的方式抽取地下蒸汽。该技术通常在土壤中设置加热井，插入加热棒作为热源，通过热传导和热辐射将热量向周边土壤传递，使场地土壤温度升高，以促进污染物挥发分解。

该场地设有加热系统，将能量输送到整个土壤处理区，还设有提取和处理系统，将污染物和蒸汽从地下抽出，进而分离和处理蒸汽和液体(见图 5-2)。典型的热传导热脱附系统使用电机驱动加热器，在整个热处理区中以三角形图案系统地隔开。还可采用燃气对加热井加热，需要在每个加热井中放置燃气喷嘴。热传导热脱附技术非常灵活，可根据现场不同的污染物提供非常广泛的处理温度。

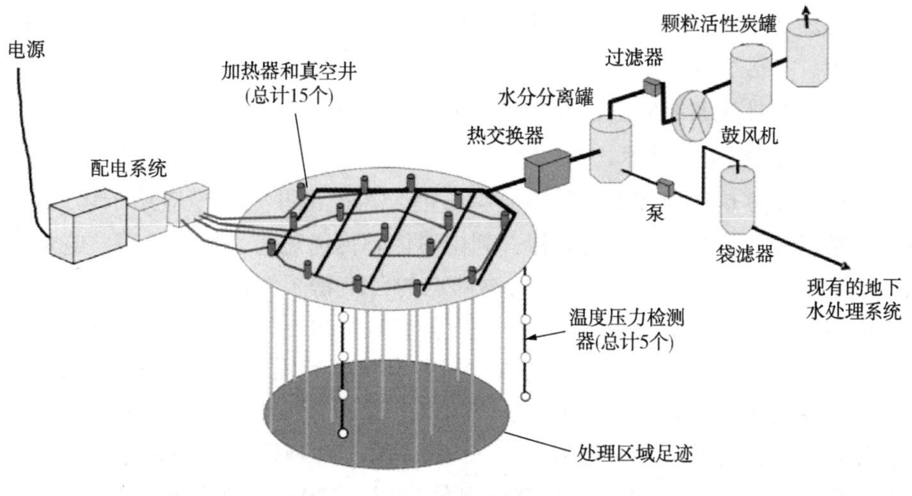

图 5-2 热传导热脱附系统

已知整体土壤范围内的热导率值变化小于 3 倍，而土壤中的流体传导率值变化可能高达 100 万倍或更高。与流体注入工艺和其他热技术相比，传导加热工艺在垂直和水平范围内更加均匀。通过增加气体渗透性，使得靠近加热源的土壤变得干燥，进一步改善挥发污染物的传输。即使在致密的淤泥和黏土层中也会产生优先流动路径，使得污染物流动并被收集。热传导通过在大量土壤中的传导和对流产生更均匀的热传递，从而提高污染物的去除效率。

温度和压力监测井用于记录加热和处理的性能(见图 5-2)。目标温度是根据目标污染物的沸点和处理目标确定的。热传导热脱附可在低温(<100℃)、中温(~100℃)和高温(>100℃)条件下使用，以修复地下水位以上和以下的各种污染物。为了将土壤加热到更高温度，必须通过泵送和/或蒸发去除天然存在的孔隙水和地下水。在某些情况下，可采用液压屏障促进加热前的脱水。在热传导热脱附处理完成前，通常会抽取土壤样本并确认达到修复目标。然后进行土壤冷却和现场复原。如果临时抽样发现污染区污染物指标高于项目标准要求，则需修改和延长运行时间以达成目标。

热传导热脱附是基于简单的热传导，处理渗流区内的半挥发性污染物时，可达到高于水沸点的温度[19]。热传导热脱附已常规性地用于处理挥发性物质，如三氯乙烯(TCE)和四氯乙烯(PCE)[3,20,21]。目标污染物还包括氯化溶剂、NAPL、焦油、PCBs、全氟和多氟烷基物质(PFAs)、农药、多环芳烃(PAHs)、Hg、二噁英、燃料和重烃、1,4-二噁烷。挥发性污染物的目标处理温度通常为 90~100℃，半挥发性污染物为 150~335℃。此外，加热到 350~400℃可以从土壤中去除大量的 PFAs[22]。对于氯化溶剂，目标温度通常为 100℃。热传导热脱附具有可扩展性，非常适合大型和深层土壤污染场地，如果实施得当，它可以有效地修复污染场地[20]。当与蒸汽热脱附技术联合使用时，对于地下水流量较大的场地也适用。热传导热脱附也已被证明可有效去除裂隙岩石中的 DNAPL[23]。若处理区划定得当且热系统实施良好，该技术可以实现非常高的处理效率。

1. 电加热热传导技术

原位电加热热传导技术最早由壳牌石油公司提出并大规模应用于场地修复。其在污染场地加热井中放置电热棒，利用热传导传递热量，加热土壤。电热棒的核心温度可达 500℃以上，特别适合高沸点的污染物。但在远离电热棒位置的地方温度下降较快，土壤加热不均匀，需设计合理的电热棒布局才能达到理想的效果。一般来说，处理半挥发有机物或难挥发有机物时需将场地加热至较高温度，加热井应密集布设，间距一般为 1.5~2.1m；而对于低沸点、易挥发有机污染场地，加热井间距可略大，一般为 3.7~6.1m。图 5-3 所示为电加热热传导技术的工艺流程。该工艺通常由以下几部分组件构成：380V 三相电源及配套变压器、配电开关及控制系统、加热器钻孔、蒸汽回收井、止水帷幕和地下水抽提井、温度和压力监测井、尾气和水处理系统。

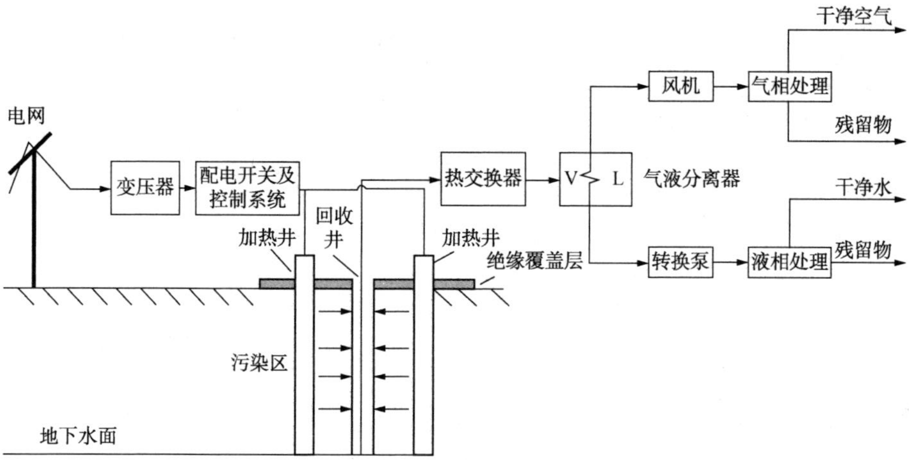

图 5-3 电加热热传导技术工艺流程

该技术在美国和欧洲已经实现模块化、集成化设计，常被用于修复加油站、住宅区等建筑密集的场地。对于一些小型场地，可直接将电源系统、加热电极及尾气处理装置整体装载在拖车上运至现场进行修复，无须拆除建筑，方便施工和维护。对于大型场地，将单个工艺设备单元分别装载，运至现场组装即可运行。在我国，原位电加热热传导热脱附技术刚刚起步，相匹配的供电系统或装置也不太成熟。在欧美国家该技术已经被大量采用，如 2010 年美国 Tullahoma 阿诺德空军基地土壤及地下水修复项目。该地的地下水及土壤中被检测出 DNAPL 污染物，包括 1,1,1-三氯乙烷和 PCE 等，污染面积约 2542m^2，污染深度为 26m，修复总体积为 50996m^3。该项目采用热传导热脱附和蒸汽加热法相结合的方法，在地表以下 15. 2～19. 8m 深度土层中安装了 162 根加热管，用于加热浅层含水层。在基岩上覆砾石层中布置了 11 个蒸汽注入井，用于处理中间含水层的 DNAPL。在蒸汽向地面流动的过程中加热土壤，同时带出污染物。在 13. 7～27. 4m 深层土层中布置了 42 个蒸汽提取井和 23 个多相提取井，用于收集蒸汽及污染物。收集的气相污染物通过加热氧化方法处理，液相污染物通过活性炭吸附方法处理。通过对修复前后土壤的采样分析，发现土壤中主要污染物三氯甲烷浓度从修复前的 81000mg/kg 降至 0. 017mg/kg，地下水中的三氯乙烷从 1100mg/L 降至 0. 005mg/L，去除效果非常好。表 5-2 所示为部分国外采用电加热热传导热脱附进行污染场地修复的工程案例[18]。

表 5-2　电加热热传导热脱附工程修复案例

污染场地名称	年份	处理温度/℃	土壤性质	主要污染物	处理土壤/m^3	工期/月
美国原海军造船厂场地(示范)	1997	320	人工层，含沙粉土	PCBs	—	2
美国密苏里电力工程超级基金场地(示范)	1997	600	黏土，极少粉土	PCBs	40	—
美国未知化工制造厂	1997	100	异质土，包括黏土、沙土、砾石、杂物填充	含氯 VOCs (CVOCs)	6500	6
美国落基山兵工厂	2001—2002	325	粉质沙土	乙唑醇、CVOCs	—	—
美国 Terminal One Site	2005—2006	100	沙土回填、下层黏土	CVOCs	5120	4

注："—"表示未知。

2. 燃气热传导热脱附技术

燃气热传导热脱附是利用燃气为热源，通过热传导加热土壤，使有机污染物发生解吸的方式。通常在燃烧器中通入天然气或液化石油气，通过抽风机产生负压将空气吸入，在燃烧器内混合，点火燃烧产生高温气体。将高温气体注入加热井，通过热传导方式加热目标污染场地。污染物发生解吸或裂解后，通过抽提系统提至地表，并进入后续的尾气和水处理系统。该工艺流程如图 5-4 所示，通常由以下几个系统组成：燃料系统、加热系统、抽提系统、地面保温系统、温度监测与传输系统、尾气和水处理系统。

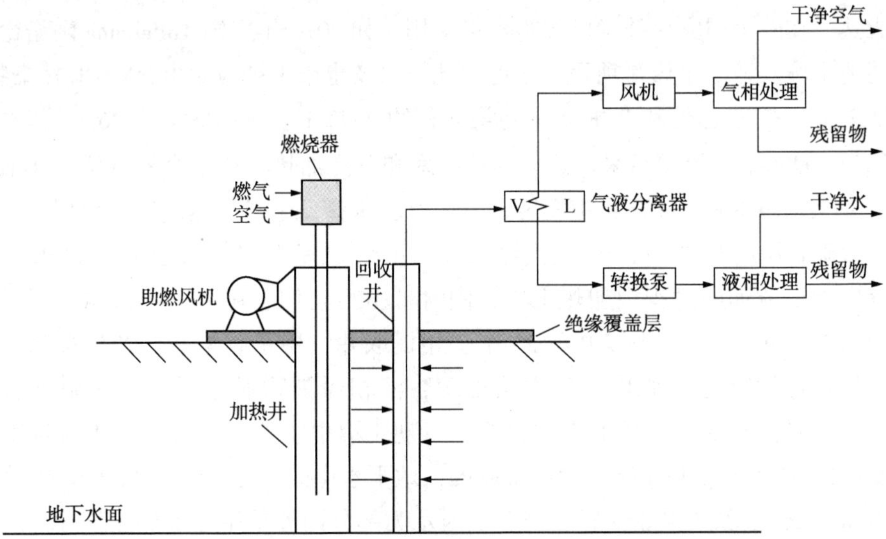

图 5-4　燃气热传导热脱附工艺流程

燃料系统通过管道输送燃气，在管道上设置调压阀以确保进入燃烧器的压力满足要求。除燃料系统外，燃气热传导热脱附其他系统的设置与电加热热传导热脱附相似。加热系统根据污染物浓度、去除目标、修复工期要求、平面布置等因素布置加热井，以确保污染物按期达标去除。整个原位区域要设置止水帷幕或防渗阻隔墙，或者按需设置地下水抽提井，以确保区域外的地下水不会流入修复区域。抽提系统一般设计为竖向抽提井和水平抽提管，通过在土壤中形成负压抽提加热脱附的污染气体。在加热系统和抽提系统管井布设完毕后，在地面覆盖一层隔热材料并用混凝土硬化作隔热系统，再安装燃烧器和地面布管。设置温度监测与传输系统，对燃烧器的燃烧状况、压力及土壤中关键点位的温度、压力进行实时监测与数据传输。最后，含有污染物的蒸汽通过抽提系统抽提至地表后，经气液分离后，溶于水的污染物进行后续污水处理，少量不凝气体进入蓄热式氧化炉或燃烧室中完成彻底处理，最终达标排放[24]。

燃气热传导热脱附技术最高加热温度可达到500℃，可原位达标去除几乎所有有机污染物和部分挥发性无机污染物。因整个区域处于高温负压环境，在这种环境下有机物的流动性增加，其气化所需的温度也降低，有助于这些污染物的解吸去除。该技术对场地水文地质条件要求不高，对低渗透性污染场地修复具有很强的适应性。相较于电加热热传导热脱附，该技术单位加热距离内的输入功率高于电加热，土壤升温速率更高，可缩短修复工期。且该系统安装便捷，进出场时间短，系统可重复利用；特别是当电力设施条件不足时，更能稳定保证修复项目的顺利实施。该技术也有一些缺陷，如燃气利用率不高，有一定的热量损失；在加热井中底部温度更高，土壤受热不均；引入燃料，安全隐患更高[24]。

燃气热传导热脱附技术几乎可用于修复所有典型有机污染物，且目标温度无须高于污染物的沸点。这可能是由于共沸现象的存在，使得混合物的沸腾温度低于各组成成分的沸点。燃气热传导热脱附对修复深度有一定要求。该技术是由下层到上层的持续加热，烟气由下往上温度逐渐降低，深度过大会导致土壤中温度场不均匀，造成DNAPL重新冷凝导致二次污染；或者污染物在抽提井中冷却堵塞抽提井；或者监测井发生塌陷而使修复场地发生沉降。目前该技术主要应用在污染物浓度较高的区域，主要处理石油烃、苯系物、氯代烃、PAHs等[25]。在国外，应用该技术的污染场地普遍土方量较小（单批次$<3000m^3$），修复面积不大（$<300m^2$），污染物浓度较高（最高150000mg/kg，平均15000mg/kg），修复目标较低（<300mg/kg）。而该技术在我国工程应用中通常修复面积较大，工期较长。表5-3所示为部分国内外采用燃气热传导热脱附技术进行污染场地修复的工程案例[24]。

表 5-3 燃气热传导热脱附工程修复案例

污染场地地点	处理温度/℃	主要污染物	平均浓度/(mg/kg)	修复土壤/m^3	加热工期/d
美国	200	石油烃	31000	2200	45
美国	325	石油烃、苯、萘、苯并[a]芘	54.7(苯并[a]芘) 2700 总石油烃	—	130
英国	100	氯代溶剂和煤油	—	1300	42
刚果	250	总石油烃	15000	190	30
丹麦	220	C_{10}~C_{40}、苯系物	2750	850	57
中国上海	150	苯胺、氯苯	<546(苯胺)、<12100(氯苯)	294	60

2.1.3 蒸汽热脱附技术

蒸汽热脱附通过将高温蒸汽注入加热井，热蒸汽从加热井中呈放射状喷出，使有机污染物脱附，是一种成熟的热强化修复非饱和土壤与饱和土壤的技术。在通气区域，气化有机污染物随着气态挥发物的抽提而达到污染物回收的目的；而在土壤饱和区，蒸汽使污染物向地下水中转移，从而通过对地下水的抽提达到污染物回收。研究发现，蒸汽热脱附技术对污染物去除取决于修复温度、相对湿度和土壤含水率，有机污染物去除效率随着蒸汽温度和相对湿度的增加而增加；土壤初始含水率越低，通过气相抽提而去除的有机污染物越多。该技术适用于处理渗透系数较高的土壤，然而由于土壤渗透性及加热温度的限制，该技术单独的实际应用较少，通常与其他技术联用。

2.1.4 电磁波热脱附技术

目前，电磁波热脱附技术主要有射频加热热脱附和微波加热热脱附。射频加热使用波长为 22m 的高频(13.56MHz)交变电场加热土壤，通过降低黏度和增加生物利用度使低分子量有机化合物和碳氢化合物挥发和解吸[26-29]。射频加热通过分子水平的热传递，以及在土壤和地下水中的电偶极子中施加电场来快速有效地加热基质。它还依赖于分子介电相互作用，其加热的特点是在土壤中直接形成热量，并不存在任何传热介质，如热空气、蒸汽和过热表面等[30]。射频加热通过增加流动性、水溶性和蒸汽压来去除污染物，同时降低表面张力并使土壤基质中的吸附平衡转向解吸[26,27]。这些效果对于采用生物修复场地中污染物的生物利用度产生积极影响，因为单纯射频加热不会去除污染物，而是通过提高其他修复技术(如生物修复、蒸汽或热空气热脱附)的性能来增强污染物的去除效果[31]。加热使污染场地土壤和地下水的性质发生物理、化学和生物变化，并使其易于修复。在射频加热中，能量通过电磁辐射，而不是通过传热、传导和流体对流特性

(如土壤渗透性)传递到基质中[31]。射频加热系统单元由远程操作的计算机射频加热模块、通过天线辐射器提供电磁能量的射频发生器和匹配网络组成，匹配网络与天线施加器相结合，确保向污染场地土壤的最大热传递。土壤的电特性(电导率和介电常数)决定吸收射频和热量的能力，其中介电常数决定了射频能量的波长，而电导率与吸收射频能量的能力成正比[31]。在 Huon 等[30]的案例研究中，他们在原服务站场地使用三个带有提取井的电极阵列原位射频修复并进行土壤蒸汽热脱附，去除了包括苯、甲苯、乙苯、二甲苯和矿物油的石油烃污染物。与其他常规土壤蒸汽热脱附技术相比，射频加热处理的结合减少了80%的修复土壤体积和时间。

射频加热系统通常包括：

- 三相电源。
- 射频源，带有一个在所需射频下产生低功率电流的振荡器，几个增加振荡器电流强度的串行放大器，以及一个以规定的输出电平提供电流的最终放大器。
- 由电极或天线组成的应用系统。
- 监控系统。
- 修复区域上方的接地金属屏蔽。
- 蒸汽收集和处理系统。

将一排或多排电极放置在地面直至修复区的深度。电极可以用传统的钻孔设备或直接推动放置。在某些设计中，电极本身用于回收土壤气体和加热的蒸汽。在其他设计中，回收井专门用于提取土壤蒸汽并用作电磁汇以防加热超出处理区(见图5-5)。加热既具有辐射性又有传导性，电极附近的土壤加热最快(由于能量吸收，射频波越远离电极越弱)。在施加的电磁场的振荡频率下，水通常在场的极性反转之前获得任何土壤成分的最大偶极矩。随着含水量下降，加热依赖于土壤的其他极性部分。对于纯沙质土壤，应仔细考虑射频热脱附是否适用。硅砂是非极性的，在砂中加热必须依赖于存在的杂质。此外，土壤越干燥，有机气体就越难以通过，相反，过多的水会成为散热器。在饱和条件下，射频加热将电极附近的水煮沸，却不会将修复区加热到足够去除污染物的温度。如果地下水位较浅，可能需要应用脱水技术。

天线法是在修复区域周围放置蒸汽回收井，在特定间距钻孔并衬有可承受预期温度的玻璃纤维外壳或其他非导电非极性材料。将天线降低到施加器孔中到适当的深度，然后开始加热，天线可根据需要降低或升高。天线和电极系统都需要监测地下的热量分布(通常使用热电偶，但也可使用其他设备)，以确保在整个修复区域达到目标温度。射频加热可达到超过250℃的温度，一些供应商更声称

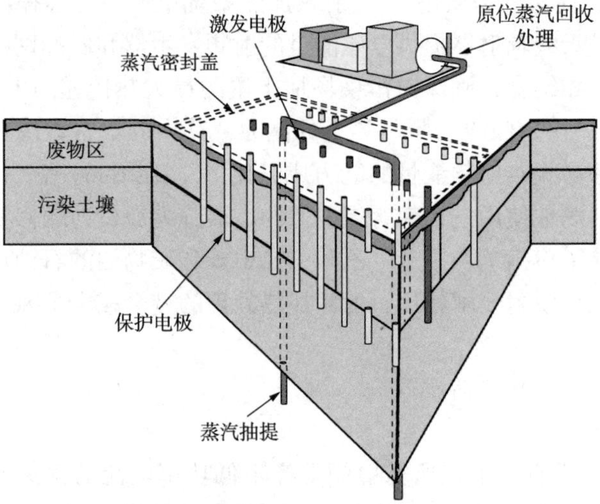

图 5-5　电极射频加热热脱附系统

可达到 400℃[40,41]。这些温度允许系统同时处理不同种类的 VOCs 和 SVOCs。需要监测的还有加热系统的阻抗和地下土壤的阻抗。当土壤被加热时，它的阻抗会发生变化。如果加热系统阻抗未调整至和它匹配，能量会反射回系统，导致发热和潜在故障。蒸汽提取系统由传统的蒸汽提取井组成。此外，为了安全和防止对本地无线电传输的潜在干扰，通常在修复区域上方和不远处使用接地金属屏蔽。金属结构在吸收射频能量并防止其逸出修复区上非常有效。因此，射频不适用于含有金属或其他导电物体的污染修复区。1994 年美国的 EPA SITE 计划检验了天线和电极射频技术[42-44]。

微波可用于土壤修复，因为大多数土壤成分对微波是透过性的，因此应用的能量主要集中在污染物和孔隙水上。根据污染物的类型、土壤性质和微波吸收剂的添加，微波能量可通过热解吸、破坏和玻璃化等各种机制去除或固定污染物[45]。微波加热涉及使用频率 300MHz~3000GHz、波长 1mm~1m 的红外线和无线电频率之间的电磁辐射，以加热土壤和地下水。具有低能量(0.03kcal/mol)的微波产生对极性分子或离子的搅动，这些分子或离子在电磁场的影响下发生振荡，并导致分子偶极子在辐射中极化。材料内部的位移和传导机制通过电阻产生热量，以用于对土壤和地下水中的污染物进行加热。频率为 2.45GHz 的微波用于加热介电材料。这些材料在许多工业、科学和医疗领域均有应用，并受到监管，以避免干扰用于军事和通信目的的电磁波频率[32-34]。与微波相互作用产生热量的材料是微波吸收剂，电磁辐射和介电材料之间的相互作用机制为传导损耗、磁损耗和介电损耗，这些机制引发了介电加热，并取决于电磁场的(微波加热)特性和材料特性[35,36]。微波加热时的热量通过离子传导和双极旋转产生。在离子传导中，由电场产生的离子运动而定位的自由离子或其他离子和分子会导致通过动能转换产生快速加热[32,37]。在双极旋转中，分子以电场的形式快速定位，且分子之间的相互旋转可产生摩擦，将能量转化为热量。微波加热过程在被加热物质内部进行，可以实现更好、更充分的热传递和高能量产出[35,38,39]。由于化学键中的能量，微波不会破坏物质的分子结构，其被认为是非电离辐射。分子的唤醒或兴奋效应会产生加热的动能。

Chien 等[46]将恒定功率为 2kW 的微波直接安装在污染区域，整个修复过程持续 3.5h，无须输入水。通过微波加热，C_{10}~C_{40}碳氢化合物与土壤中的水分一起被破坏、解吸或共同蒸发。水分可能在微波吸收和热量分布中起重要作用。这项研究的成功为通过原位微波加热修复石油烃污染土壤的更大规模应用铺平了道路。微波加热已证明其在清理被石油烃污染的土壤方面具有较好的稳健性和成本效益。从经济上讲，向土壤提供微波能量的概念是由低功率微波发生器供电的独立天线网络。具有低功率发生器的微波加热系统非常灵活、成本低，并且对天线的数量和布置没有限制。目前已使用原位微波去除土壤中六氯苯、五氯苯酚、PCBs 和 PAHs[47-49]。研究表明，2,2′，5,5′-四氯联苯在土壤中的分解显著，从 97.9%(使用 Cu_2O/10M NaOH)到 87.7%(使用 Al/10M NaOH)[47]。然而在这些小试研究中，都只测试了非常少量的样品(1~6g 土壤)，且编者未提到掺混后的老化。

2.2 异位热脱附

异位热脱附主要有以下几项实施步骤(见图 5-6)：首先，土壤开挖。对于地下水位比较高的场地，挖掘时需先降低地下水位以保证土壤湿度符合要求。其次，进行土壤预处理，如筛分、调节含水率、磁选等以使土壤符合后续处理要求。再次，进行热脱附处理。根据目标污染物的理化特征，选择合适的处理技术，调节运行参数(温度、时间等)，使污染物与土壤实现分离。最后，进行气体收集与处理，通过尾气处理系统达标排放。相比于原位热脱附，异位热脱附在进行中可直接调控土壤温度和加热时间，使整个修复过程更加直观可控。

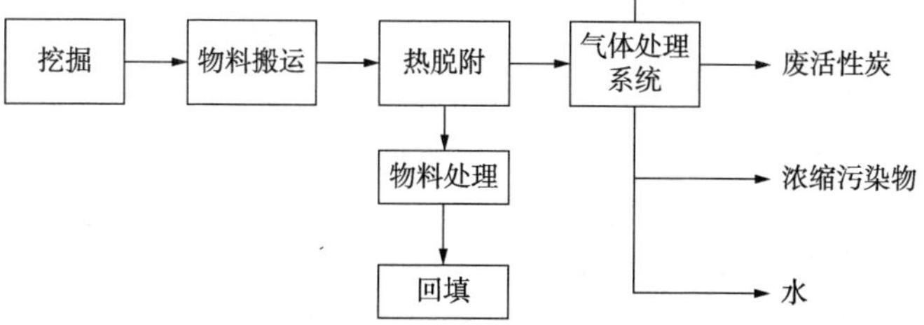

图 5-6　异位热脱附实施流程

异位热脱附可分为直接热脱附和间接热脱附，两种热脱附均由进料系统、脱附系统和尾气处理系统构成。两种热脱附的进料系统是相同的，主要通过筛分、脱水、破碎、磁选等预处理，将污染土壤从车间运送到脱附系统中。两种系统的主要区别在于脱附系统和尾气处理系统。直接热脱附的脱附系统(见图5-7)为当污染物进入热转窑后，与热转窑产生的火焰直接接触，被均匀加热至目标污染物气化的温度以上，以达到污染物与土壤分离的目标。尾气处理系统将富集气化污染物的尾气通过旋风除尘、焚烧、冷却降温、布袋除尘、碱液淋洗等环节，从而去除尾气中的污染物。间接热脱附的脱附系统(见图5-8)中燃烧器产生的火焰不直接接触土壤，而是均匀地加热转窑外部，污染土壤被间接加热至污染物的沸点后，污染物与土壤分离，燃烧产生的废气经燃烧直排。尾气处理系统将富集气化的尾气通过过滤器、冷凝器、超滤设备等以去除尾气中的污染物，通过冷凝器的气体可进行油水分离，浓缩、回收有机污染物。

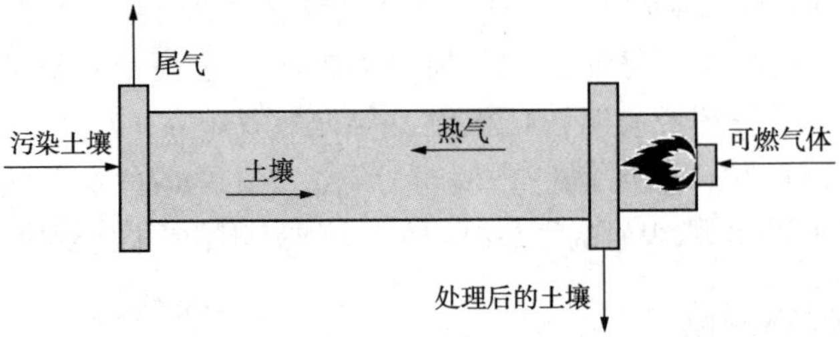

图5-7　直接热脱附的脱附系统

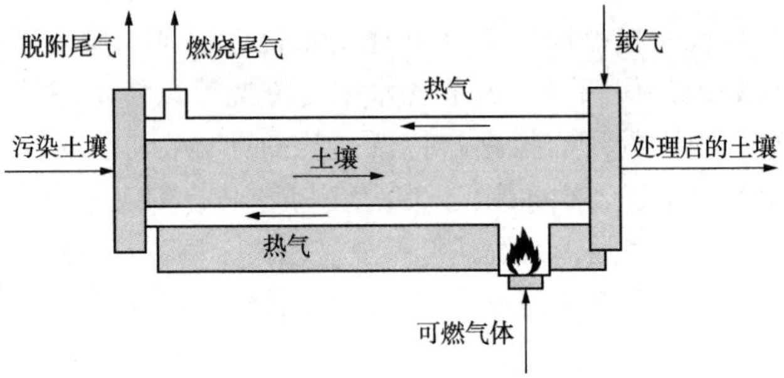

图5-8　间接热脱附的脱附系统

直接热脱附的热源是燃烧火焰辐射和可燃气体对流，受污染的土壤直接与热源接触。因此，这种方法传热效率高，成本低，但废气产生量大，后续废气处理复杂。在间接热脱附中，热量由热传导间接提供。热源不与受污染的土壤直接接触。因此，热量的利用率低，处理成本高，但产生的尾气量少，仅需简单、小型的尾气处理系统即可处理。当可燃气体为天然气或丙烷等相对清洁的燃料时，燃烧后的尾气可直接排放到大气中。随着各国环保法规的不断趋严，间接热脱附越来越受到青睐。该工艺可以完全实现进料无害化处理，达到有机污染物的有效去除，并可实现污染物的回收再利用。间接热脱附设备应用范围广泛，可用于处理石油钻探冶炼中产生的废物，如钻井岩屑、油罐底泥、冶炼油泥等，还可用来处理含有多氯联苯、多环芳烃、卤代烃等污染土壤。

间接热脱附的加热及物料结构，一般分为螺旋推进式和回转式两大类。鉴于两种结构各自发展的来源、历史和技术特点，螺旋推进式多具有系统集成度高、自动化程度高、适应性强、安全可靠性高、可维护性能好等综合特性。以某公司专利装备——螺旋推进式异位间接热脱附为例(见图 5-9)，该装置包括上、下两个标准集装箱大小的橇，上、下橇均设有间接加热炉窑，上橇包括进料斗和进料气锁、上层炉窑干燥室、鼓风机和空预器；下橇包括烧嘴组、下层炉窑热解吸室、出料斗和出料气锁。天然气、柴油或生物质燃料等燃料在烧嘴组燃烧，产生800~1200℃的高温烟气，进入下层烟气夹套，烟气在夹套中加热炉窑筒壁从而间接加热物料。物料在上层炉窑干燥室内被预热、干燥，将所含的水分蒸发出来。经预热干燥后的物料进入下层炉窑热解吸室被进一步加热到 200~650℃，所含有机物或 Hg 被加热到沸点以蒸汽形式分离出来。经过下层炉窑热解吸室处理后，99.9%以上的有机物或 Hg 被解吸分离出来，干净的物料进入出料斗，经出料气锁后进一步降温增湿排放。烟气离开上层烟气夹套后，进入空预器对烧嘴组所用助燃空气进行预热同时实现余热回收，降温后的烟气直接排放。从上、下炉窑出来的蒸汽经尾气处理装置处理合格后排放。

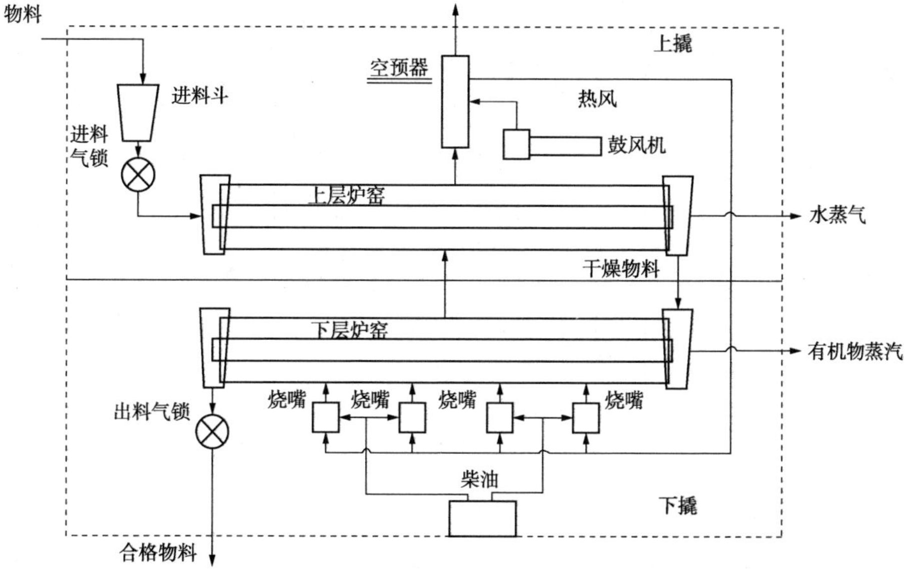

图 5-9　螺旋推进式异位间接热脱附装备工艺流程

我国早期螺旋推进式异位间接热脱附装备多为引进或借鉴国外技术，其原始设计主要针对油砂处理，往往不能适应处理我国土壤、油泥等固体废弃物杂质多、性状不稳定等复杂工况，时常出现堵料、卡料、磨损严重、运行稳定差等问题。2019 年以来，我国市场上出现了自主研发、全供应链整合的螺旋推进产品，通过独特的气锁设计、柔性螺旋设计，以及针对土壤、油泥类物料设计的刮板传送系统、出料加湿系统，大大提高了运行稳定性，在多个项目上应用获得了成功。相比于市场上另外两种主流导位热脱附技术回转窑式直接热脱附和回转窑式间接热脱附，螺旋推进式热脱附具有系统集成度高、自动化程度高、适应性强、安全可靠性高、可维护性能好等综合特性(见表 5-4)。高气密性、螺旋搅拌作用提高了传热效率，降低热损耗，无须二燃室的额外耗气，其能耗为所有异位热脱附技术中最低。在节能减排和“双碳”背景下，同时在国际市场能源价格波动的大背景下，该技术代表未来发展方向，同时也是最经济的选择。螺旋推进式采用的撬装模块化设计大大减少了安装调试时间和运输成本，转场方便迅速，转场成本约是大型直接热脱附设备的 1/10，调试安装、撤场时间约为其 1/4，特别适合原地异位场地修复要求快速进出场地、工期紧急的项目实际。同时，此类设备通常集成度高、自动化程度高，大大节约人工成本，从而减少长期运营成本。该类装备同时也具有尾气排放量更小、更易达标的特点，在监管趋严的背景下是更好的选择。

表 5-4　主流异位热脱附技术对比

工艺设备	能耗/(m^3NG/t 土壤)	运营人数/(人/班)	自动化程度	适应土壤	设备产能/(t/h)	污染物回收	尾气排放量/(Nm^3/h)	调试安装时间	运输难度
回转窑式直接热脱附	70~80	10~15	低	低黏度	15~30	不可回收	10000~15000	较长	困难
回转窑式间接热脱附	40~50	10~15	低	低黏度	10~20	基本回收	1000~9000	较长	困难
螺旋输送间接热脱附	25~35	3~4	高	各种黏度	5~10	基本回收	300	较短	容易

2.3　建堆热脱附

建堆热脱附的技术原理与原位热脱附技术基本相同，均使用热源将静态储存的污染土壤加热，改变附着在土壤中污染物的物理性质，使其转移到气相和/或液相，再通过真空抽提或多相抽提的方式，将污染物抽取到土壤以外进行无害化处置。不同的是，建堆热脱附采用将污染土壤收集集中后人工建堆，在建堆中以设置土壤加热元件的方式，完成土壤的热脱附处置过程。建堆热脱附可看作是一种采用原位热脱附技术和设备实施的污染土壤异位热脱附处置过程。

建堆热脱附技术是一种对环境友好的、准静态的有机污染土壤修复技术。它具有修复效率高、单批处理量大及适宜高浓度污染土壤等优点。该技术适合使用电加热或燃气加热管及真空提取等手段，脱附、抽取和分离处理土壤中的有机污染物。该技术空间配置灵活、运行过程安静清洁、工艺控制范围宽，适用于污染分布分散、污染浓度起伏较大地块的热脱附修复。与原位热脱附一样，建堆热脱附加热技术也可选用不同的加热和热强化方式，如传导加热、电阻加热等。由于人工建堆的外表面封闭相对薄弱，建堆热脱附一般不采用类似于蒸汽热强化这种增加土壤内压的加热方式。

建堆热脱附的核心设备分为两大部分：一部分是能将土壤加热到污染物挥发沸点的加热装置，一般使用热传导加热方式的电加热管或燃气加热管；另一部分是能把达到挥发沸点的污染蒸汽通过真空抽取到建堆以外进行无害化处理的装置，包括以抽提风机为核心的抽提系统和以冷凝、分离、吸附等过程组成的气体处理系统，系统示意如图 5-10 所示。

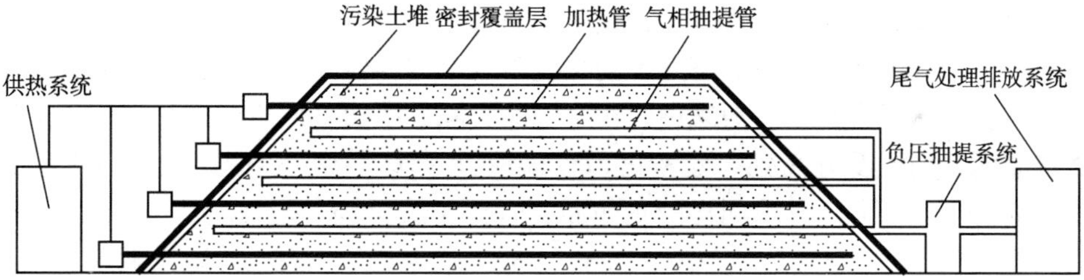

图 5-10　建堆热脱附系统示意

建堆热脱附需要将污染土壤集中堆放建堆处置，建堆一般可按使用场地的尺寸构筑，高度可按施工机具的能力而定；同时，为防止在加热过程中建堆内部热量散溢，以及热脱附尾气溢出，需要在建堆表面施工覆盖层。建堆覆盖层一般使用低成本的隔热砖、水泥砂浆和发泡水泥构筑。覆盖层要求尽可能封闭和防水，防止降水造成建堆内部进水，降低加热效能。建堆热脱附所使用的加热管和抽提管，可在建堆的同时按预定位置水平埋设。建堆热脱附的加热装置与原位热脱附的加热装置技术形式基本一致，但考虑建堆本身无法承受内部正压，所以类似于蒸汽或烟气注入等增加土壤内压的热强化方式并不适用。建堆热脱附更适合使用电加热或燃气加热等热传导方式，或者电阻加热及电磁加热等方式。建堆热脱附的尾气抽取处理装置与原位热脱附的尾气抽取处理装置基本一致。从建堆内真空抽取的热脱附尾气通过二级水冷系统及喷淋塔实现气液分离。大部分气体通过二级冷却系统已凝结成液体。少量不凝气体引入系统活性炭系统进行处理，达标后排放。该处理系统配备有尾气质量监测与报警设备，可随时监测排放气体是否达标。

该技术通过一次性建堆来减少由长期且昂贵的土方工程带来的危害，与异位技术相比的优势在于，在运行中不需要动用工程机械，可有效控制大量有害气体、粉尘和噪声的产生，避免附近居民投诉，并可以减少材料运输成本、降低运输过程中的潜在危险。而相较于原位技术，该技术的优势在于无须固定的场地设施，可以灵活地在污染现场附近配置，并且对布置空间的形状具有一定的适应能力。在污染土壤建堆时可按需进行一定的混合并且控制其分布，故对于污染浓度或污染类型差别较大的土壤，可实现一定的匀质化处理，避免了部分高污染浓度位置需要整体延长工期或提升加热温度的问题。

3 影响热脱附效果的因素

3.1 工艺操作条件

3.1.1 加热温度

热脱附作为一种热处理方法，其基本原理是通过将土壤加热到足够的温度来去除污染物。因此，加热温度是影响热脱附效率的首要和关键因素。较低的温度并不适合去除污染物。一般来说，污染物的去除效率随着加热温度升高而逐渐增加。然而，当温度升高到一定程度时，即使进一步升高，热脱附效率也不会改变。如 Bulmau 等[50]发现同样处理 30min 时，在 350℃ 对 PAHs 去除率仅为 5%，而在 650℃ 下去除率可达到 80%。Merino 等[51]也发现十六烷去除效率随着加热温度(150~300℃)的升高而增加，在 300℃ 时达到 99.9%。当温度进一步升高时，去除效率基本不变。热脱附作为土壤修复工程中广泛使用的技术，当加热温度高时，会消耗大量热量，热量的能级相当高，这并不是我们希望的。据美国海军工程服务中心的报告统计，燃料成本占运行成本的 40%~50%，在我国可能达到 60%。因此确定合理的加热温度对降低修复成本至关重要。此外，过高的加热温度会破坏土壤结构，使土壤中的有机质和土壤矿物质中的碳酸盐挥发和热解；这种情况不利于土壤修复后的再利用及后续复垦。因此，如何在相对较低的加热温度下提高脱除效率或在高脱除效率下大幅度降低温度，以减少能源的消耗和对土壤的破坏是一个亟待解决的问题。

3.1.2 加热时间

加热时间对污染物去除效率的影响取决于加热温度，当加热温度达到污染物沸点或特定温度时，热解吸效率取决于停留时间。因此，若加热温度较低，则需要较长的加热时间才能保证有效去除污染物。例如，用 Pd 和 Rh 催化加热至 300℃并维持 20min 时，污染土壤中 PCBs 去除率可达到 52%；如果加热时间增加至 60min，去除率可达到 96%。此时，如果进一步增加温度或加热时间，去除率变化很小[52]。对含有 48mg/kg PAHs 的污染土壤于 350℃热脱附 20min，污染物浓度降至 35mg/kg，当加热 40min 时 PAHs 降至低于 2mg/kg[53]。Qi 等[54]研究发现在 600℃加热 20min、40min、60min 后的 PCBs 去除率分别为 20.86%、64.47% 和 95.7%。加热 20~40min 时总 PCBs 去除率大于前 20min 的去除率，因为土壤含水量大，而水的沸点低于 PCBs。加热时间同样影响残留污染物种类。如含有 PBDEs 同系物 BDE 206-209 的污染土壤，在 400℃加热 10~30min 后在土壤中发现 BDE 190、196-197、203、205-209；同样温度下加热 40~90min 则未检出 BDE 190、196-197、203[55]。因此，热脱附最初加热的主要过程是水的挥发，然后通过加热快速去除半挥发性物质和几乎不挥发性物质，直到水分完全挥发，可能还伴有有机物分解。

3.1.3 加热速率

白四红等[56]发现污染土壤中 PCBs 去除率与升温速率呈线性正相关。随着升温速率增加(10℃/min、15℃/min、20℃/min、30℃/min)，PCBs 去除率总体呈上升趋势(75.76%、84.93%、91.99%和 93.41%)，且其毒性当量略有改变。因此，高加热速率可用于 PCBs 的快速解吸。加热速率直接控制土壤与载气之间的传热速率以及解吸和降解速率，从而影响去除效率。

3.1.4 载气

土壤热脱附过程中通载气主要有两个目的。第一，加速污染物从土壤中挥发分离进入尾气，缩短停留时间以提高热脱附效率。载气的工作机理如下：土壤中的挥发性成分决定了它们相对于周围气体的分压，挥发性化合物必须不断挥发以达到分压[57]。增加载气的流速可提高挥发性化合物的挥发速度，从而在一定程度上提高热脱附的效率。第二，为土壤热脱附提供特定环境(通常呈还原性)，避免污染物受热与空气形成有毒有害物质。例如，土壤中的 PCBs 在还原性热脱附环境中会脱氯分解，而在氧化性环境中可作为前驱体形成强毒性物质 PCDFs[58]。在目前的研究与应用中，氮气和空气作为载气较多，其他气体如氧气和氦气也有研究，但应用较少。Mechati 等[59]对热脱附时载气(氮气)流速对土壤中有机污染物 C_{10}~C_{22}的影响进行了实验和模拟计算。结果表明：随着载气流速(3~$15m^3/h$)增加，污染物去除率从 37%(模拟值 31%)提高到 43%(模拟值 49%)；且在模拟计算中，进一步增加流量并不能显著提高去除率现象。Bai 等[60]研究发现污染土壤在 500℃加热 60min 后，PCBs 去除率随着载气流速(0.1~0.6L/min)的增加略有升高，但变化不大，PCBs 去除率为 93.6%~95.1%。Aresta 等[52]也在热脱附修复 PCBs 污染土壤时通氮气以防止形成二噁英，但氮气流速对 PCBs 去除率影响不大[52]。

3.2 土壤性质

3.2.1 土壤质地

研究表明，土壤质地不仅影响污染物与土壤基质之间的作用，还影响污染物的热脱附过程。Falciglia 等[61]采用异位热脱附修复被柴油污染的不同质地的土壤(粗砂质、细砂质、中砂质、粉质、黏质)，使用氮气作为载气(流速 1.5L/min)，在不同的温度(100~300℃)下加热 30min，发现 175℃足以修复柴油污染的沙质和粉质土壤，而修复黏土则需要更高的温度(250℃)。Tatano 等[62]进一步研究表明，若不同质地(粉质砂、粉质黏、黏质粉和壤土)柴油污染土壤的修复目标值相同，则对黏土热脱附的条件要求更高。由于黏质土与污染物相互作用强、颗粒间易团聚，且易与热脱附设备黏结和结块，使得其中污染物难以发生热脱附，因此在实际修复工程中可考虑掺混不同质地的土壤以调节黏质土性质，从而改善热脱附的工艺条件[63]。

3.2.2 土壤粒径

一般来说，土壤粒径越小，传热速率越高，污染物脱附速率也就越高。这主要是由于以下原因：①细颗粒升温快，且比表面积大，为污染物反应提供了较大的表面环境；②当去除效率受到颗粒内部污染物扩散速率的限制时，细颗粒内部的污染物更容易发生脱附。Falciglia 等[32]用热脱附处理粒径为 75~200μm、200~350μm 和 500~840μm 的柴油污染土壤，发现在相同加热条件下，小颗粒土壤中污染物的去除效率明显高于大颗粒。李磊等[64]研究也发现，土壤粒径<2mm 时，PAHs 热解吸活化能随着粒径减小而减小，说明小粒径更利于热解吸。然而，过小的土壤颗粒易随载气进入尾气而增加尾气处理负荷。当土壤黏稠且潮湿时，细小颗粒间空隙较小易团聚，导致团聚体受热困难，土壤导热性差。如 Fu 等[65]研究发现，在粒径<75μm、75~125μm、125~250μm 和 250~425μm 的土壤颗粒中，PBDEs 污染物去除效率分别为 49.53%、73.88%、83.56%和 87.09%，总去除效率随着土壤粒径的增加而增加[66]。

3.2.3 土壤含水率

土壤含水率对污染物热脱附的效率有显著影响，含水率过高或过低均不利于污染物热脱附[66]。有研究指出，土壤热脱附去除污染物的最佳含水率为 10%~20%[67]。在微观层面，土壤中的水分和有机污染物竞争挥发，极性水和非极性有机物竞争土壤矿物颗粒表面的吸附点位。因此，当土壤中含水率过低时，湿化土壤可以使极性较强的水分子占据土壤的吸附位点，去除有机污染物；水在土壤加热过程中迅速蒸发，通过蒸汽的提取和蒸馏作用去除污染物。此外，一定的水分含量还可以防止载气在加热过程中捕获粉尘。然而，随着土壤含水量增加，水分蒸发消耗的热量逐渐增加，使得热脱附系统热量的有效利用率降低，增加了处理成本。土壤中的晶间水层对污染物的热脱附有抑制作用，颗粒内和颗粒间的传质对去除率有显著影响。由于水分与污染物挥发呈竞争关系，水分含量过高在一定程度上抑制了污染物挥发。此外，大量的水分加热蒸发，产生的蒸汽增加了尾气量，因此增加了尾气处理的负担[68,69]。

3.2.4 土壤有机质

土壤有机质是土壤固相部分的重要组成成分，是植物营养的主要来源之一，能促进植物的生长发育，改善土壤的物理性质，促进微生物和土壤生物的活动，促进土壤中营养元素分解，提高土壤的保肥性和缓冲性的作用。研究表明，土壤有机质可使有机污染物增溶，从而促进其脱附与转化[70]。王瑛等[70]研究发现，原始黑土和去有机质黑土在300℃下热脱附DDTs，前40min原始黑土的热脱附效率显著高于去有机质黑土，到50min基本持平，这可能是由于有机质在高温下逐渐分解的原因。Chen 等[71]也证实了向土壤中添加蛋壳和草木灰可有效提高300℃下土壤中PAHs的热脱附率[71]。

3.3 污染物性质

3.3.1 污染物种类

热脱附主要适用于处理土壤中半挥发性和挥发性污染物，主要为有机污染物，不适用于处理大多数重金属污染的土壤。不同有机物的沸点差别很大，如BTEX的沸点为80~144℃[72]，PAHs的沸点为218~536℃[73]。污染物的沸点不同，热脱附需要采用的温度和时间则不同。挥发性有机化合物的饱和蒸汽压较大、沸点较低，修复受该类污染物污染的土壤时，通常需要的加热温度较低、时间较短；半挥发性有机化合物的饱和蒸汽压较低、沸点高，修复受这类污染物污染的土壤时，通常需要较高的加热温度和较长的停留时间才能达到修复目标。除影响热脱附温度和时间外，污染物种类对后续尾气处理也有影响。例如，当污染物含有氯代化合物时，尾气处理需要加装碱液喷淋装置，以去除烟气中的盐酸等酸性气体[1]。

3.3.2 污染物浓度

许多研究表明，在适当的污染物浓度范围内，其初始浓度越高，热脱附去除率越高，如 PCBs[74]、硝基苯[66]、PBDEs[75]。这可能是由于初始浓度较低的污染物易被土壤中的高能吸附位点吸附，污染物难以解吸，导致热脱附效率较低；当污染物初始浓度较高时，土壤中高能吸附位点对污染物的吸附很快饱和，大量污染物直接暴露于土壤表面，使其易于从土壤中去除。

然而在实际工程应用中，污染物的初始浓度并不是越高越好。Troxler 等[76]认为污染物的最大初始浓度受实际设备的限制，如载气的流速和废气的温度等。此外，如果初始浓度过高，应增加加热温度或时间，以确保达到可接受的修复效率，然而这不可避免地增大对土壤的破坏作用，且不利于土壤的再利用和有机物的循环利用。尽管如此，对于初始污染物浓度高的紧急高风险场所，热脱附仍是首选的土壤修复方法。

一些热脱附处理技术公司反映，由于土壤中污染物分布不均，操作条件选择不恰当可能会导致处理效率不均一。在这种情况下会出现以下两种可能：①如果按照最高初始浓度设定热脱附的运行参数，则可保证修复的效率；然而，大多数初始污染物浓度较低的土壤会被过度处理，从而增加能源消耗和土壤破坏；②如果热脱附设备按照平均初始浓度运行，则无法保证修复的效率，因为污染物初始浓度高的部分土壤处理可能不达标。这个问题可用一些预处理措施来解决。目前工程上采用筛分、粉碎、搅拌等方法控制土壤粒径，充分混合污染土壤，以减少初始浓度分布不均产生的不良影响。此外，对污染场地进行预先调查也有助于减轻不良影响。土壤可根据场地污染调查情况分为不同的地块，按不同浓度进行处理[77]。

3.3.3 污染物形态

土壤中污染物的热脱附效率不仅与其种类和浓度相关，还受其形态影响。土壤中的 PAHs 可分为可提取态和残留态两部分，可提取态又分为易解吸和难解吸两部分，其中仅易解吸部分具有较高的生物有效性[79]。夏天翔等[78]研究发现，土壤中各类 PAHs 的脱附与其有效态密切相关。土壤中有效态 PAHs 在 200～300℃加热条件下几乎全部脱附；而在 450℃加热温度下，总 PAHs 仍无法全部去除。

4 热脱附强化措施

4.1 热脱附添加剂

热脱附添加剂主要通过改变土壤理化性质、催化分解有机物、强化传质过程提高热脱附效能。戴梦嘉等[80]研究发现，向土壤中添加熟石灰可以降低土壤的热反应活化能，增加活性位点，显著促进土壤中重质石油烃的热脱附。碱性物质

[NaOH、$Ca(OH)_2$]还可通过催化加氯脱氢机制促进土壤中 PCBs 的去除[81,82]。Li 等[83]采用颗粒活性炭(GAC)增强微波热修复原油污染土壤。实验在微波功率为 800W、绝压为 0.10MPa、载气流量为 150mL/min 的条件下进行，当不加 GAC 时，微波加热 30min 时温度仅为 230℃，对原油污染物去除率仅为 12%；在微波加热 20min 时加入质量分数为 10%的 GAC 时温度达到 670℃，去除效率为 99%。GAC 是强微波吸收剂，可有效提高土壤系统利用微波的能力，强化传质过程，使土壤在微波场中快速加热到高温，提高去除效率。此外，GAC 的添加还在一定程度上阻止受污染油组分的热解，有助于污染油的快速去除和有效回收。Liu 等[84]采用添加纳米零价铁提高土壤中 PCBs 的热脱附效率，其主要作用机制是强化传质过程，并伴随脱氯降解。对于可产生催化分解有机物作用的添加剂要特别谨慎使用，如添加 $CuCl_2$。尽管在低温(<500℃)下其对 PCBs 的去除效率有所提高，但在加入后会产生大量的有毒副产物 PCDFs[85]。

4.2 与其他技术联用

污染场地的情况往往很复杂，会受到地形、设备、技术、经济等多方面因素的影响，因此，通常采用联合技术以达到最大的经济效益与社会效益。与热脱附联合使用最多的技术是化学处理。由于热量向土壤或地下水传导中大量损失以及土壤中的传质阻力，工程土壤修复中的热解吸效率在一定程度上受到限制。Li 等[86]将热脱附与氧化工艺(臭氧)结合在一起以修复模型有机物 2,4-二甲基苯胺(2,4-DMA)污染的土壤。研究表明，这种联合工艺不仅可降低热脱附温度(低至 50~90℃)，且可以显著提高氧化效率，甚至在 10min 内实现 2,4-DMA 的 100% 降解。作者认为这种低温强化化学氧化工艺由于其相对较低的能耗和较短的去除效率，将成为未来有机污染土壤修复的一种有前途的方法。Li 等[87]采用热脱附-熔盐氧化反应器系统修复 1,2,3-三氯苯(1,2,3-TCB)污染土壤。热脱附反应器用于富集土壤中的污染物，熔盐氧化反应器实现污染物的脱氯。经热脱附(300℃、30min)与 $Na_2CO_3+K_2CO_3$ 二元熔盐氧化后，土壤中污染物最终全部脱氯分解成 C_6H_6、CH_4、CO、CO_2。该联合处理工艺将污染物分解为低毒小分子，避免了传统热脱附尾气处理的烦琐流程。Zhao 等[88]研究了机械化学法和热脱附法相结合修复污染土壤中的 PCBs。首先将污染土壤与质量比为 1∶1 的 CaO 粉末混合，研磨 4h 后，PCBs 总浓度和毒性当量分别下降 74.6%和 75.8%。然后，在 500℃下加热 60min，机械化学联合热脱附对 PCBs 的去除率为 99.95%，比仅采用热脱附法提高了 8%。更长的研磨时间和加热时间可以促进去除效果，在实际修复过程中，应在考虑经济性的基础上优化研磨时间和加热时间的组合。

5 尾气处理技术

5.1 破坏性处理技术

5.1.1 燃烧

1. 直接燃烧

直接燃烧是将废气引入燃烧室，利用废气中污染物的可燃性使气态污染物达到燃点，然后氧化分解成 H_2O、CO_2和其他物质的过程。在燃烧过程中，由废气运输的土壤颗粒中的污染物可被去除。热燃烧具有以下优点：操作方便，占地面积小；气体净化彻底，去除效率高；尾气温度高，燃烧时放出大量热量，可回收热量。该方法的缺点如下：①高温燃烧，系统安全性低；②当尾气中污染物浓度较低时，污染物燃烧产生的热量不足以维持整个过程，必须添加辅助燃料来辅助燃烧，从而增加了运行成本；③当气态污染物中含有 S、N、卤素时，氧化燃烧后会产生 SO_2、NO_x、HCl、PCDDs 等酸性有害气体，需增加湿式洗涤器和紧急冷却装置，导致系统复杂化[89]。总的来说，直接燃烧适用于处理可燃气体成分浓度高、热值高、流量低的有机废气。该方法的燃烧温度通常设定在 1100℃左右。

2. 催化燃烧

催化燃烧是在燃烧室中加入催化剂，在低于污染物燃点的温度下将废气中的气态污染物氧化分解为 H_2O、CO_2和其他无害物，同时放出大量热量的过程。催化燃烧是一种典型的气固催化反应，催化剂的作用是降低活化能，提高反应速率。作为一种改进的热燃烧技术，催化剂的性能直接影响催化效果。近年来关于催化燃烧的研究很多，目标是研发更有效或价格更低廉的催化剂。催化剂可分为三大类：贵金属催化剂、非贵金属催化剂和复合金属氧化物催化剂。常见的贵金属催化剂有 Au、Pb、Pt 等[91,92]。贵金属催化剂具有高活性、高抗失活和高再生能力等优点[93]。然而，由于成本高、氧化稳定性低、耐硫耐氯性差等缺点限制了这类催化剂的应用[94]。非贵金属催化剂可以负载或不负载金属氧化物[95-97]，常用的催化剂有 Co、Ni、Cu、Mn 等，具有活性好、可回收、价格低廉、易得到等优点，是贵金属催化剂的理想替代品。复合金属氧化物催化剂通常由两种或两种以上的金属氧化物组合而成，催化剂的性能得以提升，可进一步提高 VOCs 的去除效率。

催化燃烧具有以下优点[98]：①燃烧温度低，系统安全性高；②随着反应温度的降低，启动燃料和辅助燃料的需求减少，从而保证了系统的经济性；③低温燃烧降低了 NO_x 的产生和后续处理成本；④低温燃烧降低了对设备材料的要求，提高了设备的使用寿命。该方法的缺点如下：①当废气中含有较多的尘粒、液滴或对催化剂有毒害作用的物质时，催化剂的活性和废气的处理效率会受到影响[99]；因此，在进行催化燃烧前必须对废气进行预处理，导致系统复杂化。②催化剂一般为金属或金属氧化物，以贵金属如 Pd、Pt、Rh 居多，虽然催化效果好且稳定，但成本高；此外，需要对催化床进行更换或再生以保证高度的净化，导致系统运行成本的增加。③当气态污染物含有 S、N 和卤素时，氧化燃烧后会产生 SO_2、NO_x、HCl 和 PCDDs 等酸性有害气体。因此，需配备湿式洗涤器和紧急冷却装置，导致系统复杂化[89]。综上所述，催化燃烧适用于处理低浓度污染物的废气。

5.1.2 生物降解

生物降解利用微生物降解气态污染物并将其转化为 H_2O、CO_2和其他无害的无机盐[100]，在这个过程中，气态污染物为微生物提供能量和营养。生物法可分为三种类型：生物过滤法、生物滴滤法、生物洗涤法[101]。生物过滤法的主要设备是生物过滤塔，其原理是废气经过预处理后被输送至加湿器调节湿度，以防止滤料大量失水导致开裂。然后将废气输送到含有填料的生物床中，污染物在其中被分解成无害的物质。生物滴滤法则配备生物滴滤塔，废气与潮湿的生物膜接触后其中的污染物被去除。有机废气从生物滴滤塔塔底进入，最终从塔顶释放，代谢废物进入废液中。上述两种方法中微生物均以固定状态存在，而生物洗涤法中微生物以悬浮状态存在。生物洗涤法的重要设备是生物洗涤塔，在其中喷淋循环洗涤液用以吸收有机废气。再将吸收了有机废气的洗涤液引入再生罐，然后用活性污泥法处理。

生物降解具有以下优点[102]：①设备简单，安全性高；②低能耗、低投资；③有机污染物被完全分解，无二次污染。该方法的缺点如下：①占地面积大，处理时间长；②对复杂或难降解废气去除率低；③对环境条件要求高，如温度、湿度和 pH 值[89]。综上所述，生物降解适用于处理低浓度、低流量、生物降解性好的尾气。

5.1.3 光催化降解

光催化降解的基本原理是光催化剂在光的作用下产生电子-空穴对，电子和空穴可进一步与废气中的 H_2O 和 O_2反应，形成具有强氧化性的羟基自由基(·OH)和超氧自由基(·O_2^-)。自由基及电子和空穴可将气态污染物氧化成H_2O、CO_2和其他无毒无害的物质[103]，从而达到消除污染物的目的。该方法还包括 VOC 产物或中间体的吸附、化学降解和解吸等过程[104]。催化效率与催化剂的类型有关，常用的光催化剂包括 TiO_2、ZnO、WO_3、ZnS、CdS、g-C_3N_4等。其中，研究最广泛的催化材料是 TiO_2，具有无毒、制备简单、稳定性好、成本低、降解 VOCs 污染物能力强等优点[105]。

光催化氧化具有以下优点[106]：①常温条件下可发生极强的氧化反应，运行成本低；②催化剂间接参与反应，理论上不产生损失，可长期使用。该方法的缺点如下：①由于光催化分解没有选择性，负载催化剂的材料在一定程度上可被分解；②催化剂颗粒团聚比较严重，导致比表面积小，催化效果弱；并导致氧化反应不完全，产生其他有害物质；③对光源的选择性强，在一定程度上限制了催化效率；④大型系统中的催化反应会产生大量热量，需要冷却设备，增加成本。综上所述，光催化氧化适用于处理高浓度、大风量的废气。

5.1.4 低温等离子体

低温等离子体是继固态、液态和气态之后的第四种物质状态。当外加电压达到气体的放电电压时，气体被分解，产生包含电子、各种离子和自由基的混合物。虽然放电时电子温度高(可达数万摄氏度)，但重粒子温度低，整个系统呈低温状态，称为低温等离子体[107]。常见的生产方法有辉光放电、电晕放电、介质阻挡放电和滑动电弧放电。低温等离子体净化尾气的机理包括两个方面：一方面是在施加电压的刺激下使污染物分子分解；另一方面是产生的活性粒子(如高能电子和自由基)与废气中的污染物直接接触，活性粒子可在短时间内氧化去除污染物。但废气在处理前通常应通入除湿过滤设备，因为低温等离子法的效率受相对湿度的影响[108]，湿度越高时去除效率越低。因此，应进行适当的除湿以减少腐蚀并保护电场免受干扰。此外，过滤可防止反应器堵塞、电极被涂层、泵被损坏。

低温等离子体具有以下优点[109,110]：①启动快，能耗低；②设备使用寿命长；③适用范围广，净化效率高；④缺乏附加添加剂和二次污染。但该方法存在对设备要求高、易产生火花放电、安全性低等技术缺点。综上所述，低温等离子法适用于处理低浓度、大风量的废气。

5.2 回收处理技术

5.2.1 冷凝

冷凝是废气处理最简单的方法之一。它是利用污染物的蒸汽压在不同温度和压力水平下变化的原理，通过降低温度或增加压力使气态污染物冷凝液化，然后对污染物进行分离净化并回收的技术[94]。饱和蒸汽压与气体类型和操作温度有关。工业中通常使用较低的系统温度或较高的系统压力来分离和净化有机废气。关于冷凝技术的研究一直未间断，其在热脱附尾气处理的应用上也非常普遍。研究表明，水蒸气冷凝可以诱导从烟气中捕获细颗粒[111]。此外，冷凝通常伴随潜热释放，因此可同时考虑废热回收[112]。

冷凝具有以下优点[113]：①简单安全的设备和操作条件；②冷凝物料只发生物理变化，化学性质不变，可直接回收且纯度高。然而，该方法存在如下缺点：理论上可达到较高的净化程度，但运行成本较高。当要求的尾气净化度较高时，普通冷却剂(如常温水)无法满足要求。因此，需要显著降低冷却剂温度(使用其他高成本的冷却剂如液氮)或大幅提高系统压力，大大增加了设备加工难度和成本。综上所述，冷凝适用于处理浓度高、成分单一、价值大、回收率高的尾气。该方法常用于工程领域进行预处理，或与其他技术(如吸附、燃烧)相结合，降低处理难度、避免二次污染、优势互补、回收有价值物质。

5.2.2 吸收

吸收法可分为物理吸收和化学吸收[90]。不同类型的气体在同一吸收剂中表现出不同的溶解度，物理吸收法利用这一特点选择性地吸收有害气体，从而净化废气。吸收剂可被解吸以供重复使用，解吸的污染物可被回收利用。化学吸收是利用废气与吸收剂之间的化学反应来吸收废气。不溶于吸收剂的污染物应通过化学方法或通过另一种可溶性吸收剂来去除。一般来说，液体吸收剂应雾化，以增加其与气体的接触面积，提高吸收效率。相比较而言，物理吸收的使用更广泛，应用时需要考虑多个因素，如吸收剂的类型和吸收装置的选择。液体吸收剂主要有三类：油基吸收剂(如柴油、洗油等非极性矿物油)、水络合吸收剂(如水-油洗、水-碱等)和高沸点有机吸收剂(如邻苯二甲酸盐、己二酸盐等)[114,115]。

吸收是一种较为成熟的技术，具有操作简单、投资少、维护费用低等优点。该技术也存在一些缺点：①吸收剂后处理投资高；②易发生二次污染；③由于吸收剂对气体成分的选择严格，选择多种不同的吸收剂成本高，技术复杂。综上所述，吸收可有效去除常温、大风量、高浓度废气中的有害气体和颗粒物。该方法广泛用于废气的预处理，如除尘、油雾去除、水溶性成分的去除和净化。此外，该方法对酸性气体的洗涤效果明显。

5.2.3 吸附

吸附一般是物理和化学吸附过程的结合。物理吸附是指通过分子力对吸附剂和被吸附物(污染物)的吸附。它不需要活化能，可以在低温条件下进行。这种吸附过程是可逆的。当污染物分子的热运动足够强烈时，一定数量的分子会从吸附剂表面分离出来，这种现象称为解吸。化学吸附是指吸附剂与被吸附物之间通过化学键牢固连接的化学反应。它需要大量的活化能，通常在高温下进行。与物理吸附相比，化学吸附具有选择性，即一种吸附剂仅对特定或几种物质具有吸附作用。物理吸附在有机废气处理中应用较多。

吸附剂的选择对吸附效果至关重要。吸附剂通常选择比表面积大、选择性高、结构疏松、使用寿命长的材料，有利于增强吸附效果。大多数常用的吸附剂是多孔材料，如活性炭、沸石分子筛、金属有机骨架材料、氧化铝和树脂[116]。目前，活性炭是有机废气处理中最有效的吸附剂[117]，具有吸附能力强、比表面积大、易于获取等优点。但在高湿或高温环境下效果不好，甚至存在一些安全隐患。分子筛在废气处理方面也具有一定的优势，如稳定性好、吸附活性高、疏水性好等。它是一种具有孔隙结构的多孔结晶硅铝酸盐材料[118]，吸附过程主要是物理吸附。

吸附的优点如下：①去除效率高，能耗低；②工艺成熟，操作方便；③解吸污染物可回收利用。活性炭等吸附剂有以下缺点：①材料不耐高温和使气流阻力增加；②设备投资高，占地面积大；③吸附剂超过其容量极限需要再生，增加运行成本且易发生二次污染；④由于废气中含有大量水蒸气，容易与吸附剂表面的极性位点结合，造成水分子簇覆盖非极性位点，降低对气态污染物的吸附量和处理效果[119]。在这种情况下，可改用沸石吸附。沸石基本不受水蒸气的影响，且吸附效率高于低浓度活性炭。但沸石孔结构单一，不适合大分子污染物，且成本高。综上所述，吸附法适用于处理低浓度、大流量的有机废气，但不适用于高温、高湿、高浓度废气的净化。因此，该方法经常与其他净化技术(如冷凝法和燃烧法)结合用于处理许多行业的尾气，以提高处理效率和减少二次污染。

5.2.4 膜分离

膜分离以天然或人工合成的膜为介质，利用具有选择渗透性的分离膜，在外能或化学势差驱动下，分离复杂气体中的污染物[102]。在同一溶剂中的扩散速度与气体种类有关，膜分离技术主要是利用不同气体在同一溶剂中扩散速度不同的特性和膜的固有特性来实现对废气的净化。这种物理过程不会发生相变，也不需要添加剂。分离膜由涂层和支撑层组成。涂层一般具有高选择性，其决定了分离性能；多孔支撑层提供机械强度并影响膜的性能。与传统过滤相比，膜分离可在分子水平上分离物质。膜按分离机理和应用范围可分为微滤膜、超滤膜、纳滤膜、反渗透膜、渗透蒸发膜和离子交换膜。

膜分离具有以下优点：①装置简单，操作简单；②能耗低；③回收率高，无二次污染；④常温处理，适用于多种污染物；⑤分离是物理过程，不发生相变，不需要添加剂。然而，膜分离具有膜产率低、膜成本高、膜寿命短的缺点。因此，该技术很少单独使用，经常与冷凝结合，即尾气先冷凝回收，剩余污染物再通过膜分离。膜分离效率高，适用于处理高浓度、低流量的尾气。

6 技术装备与工程案例介绍

6.1 电加热及燃气加热原位热脱附技术

6.6.1 电加热装置

根据我国土壤的导热性质，我们团队经过研发试验，研发出最优化的电加热管。由于这类装置应用于地表以下，使用周期较长并与地下水和污染土壤接触，为安全起见，电加热装置全部采用 310S 材质一次缩管成型，无焊接工艺。内部填装高纯度氧化镁粉并设有不锈钢加强筋防止变形。最长可做 17m，具体装置参数如表 5-5 所示。

表 5-5 电加热装置参数

加热装置	参数	外壳	电阻丝	MgO 粉	法兰	防爆盒
$1^{\#}$	12. 5kW， ϕ20. 2mm×12000mm	310S	Cr20Ni80 Class Ⅱ	日本 99. 9%	310S	310S
2^{2}	6. 5kW， ϕ20. 2mm×6000mm	310S	Cr20Ni80 Class Ⅱ	日本 99. 9%	310S	310S
$3^{\#}$	9. 6kW/220V， ϕ28mm×6000mm	310S，有内壳并安装加强筋	Cr20Ni80 Class Ⅰ	日本 99. 999%	310S	310S

6.1.2 燃气加热装置

在上述研发的电加热装置的工程应用中发现，我国污染场地和欧美相比规模较大，且多数项目要求在短期内完成修复，因此要求电加热装置数量大，对配电要求则较高，通常会达到兆伏安级别，临时用电申请很难配置。很多修复项目受到用电局限无法使用电加热原位热脱附。为此，在电加热的基础上，采用天然气的加热装置已经在国内大规模工程化应用，在使用天然气加热的工程中，既有采用负压烧嘴，也有采用功率较大的正压烧嘴来实现给土壤供热的工程案例。

在燃烧器中燃烧天然气或液化石油气，产生高温气体；通过风机将高温气体引入单个的加热井中，井内安装有带高温内管的套管式燃气加热管，高温烟气通过高温内管供入土壤加热井底部，并从高温内管和加热外管之间的环隙回流同时加热土壤，并使其在井内往返流动；高温气体（450～600℃）通过加热管间接加热土壤，通过热传导方式加热目标修复区域，使得土壤温度升高（升温速率最高可达 20℃/d）到目标温度；当土壤温度达到目标值后，土壤中的污染物能够从土壤中迅速解吸并分离出来，形成含污染物的蒸汽。

在整个加热过程中，对单个燃烧器(见图 5-11)的燃烧状况、温度、压力以及土壤中关键位置的温度、压力进行实时监测，记录数据并通过无线数据系统进行传输，通过远程访问数据实现对整个过程的实时监控。修复区域中的单个燃烧器可以单独控制，达到温度梯度和能量消耗最优化。烧嘴选用 50kV · A 亚高速烧嘴，输出功率调整为 10~50kV · A。烧嘴自带点火装置和火焰检测，可接受开关量信号启停控制。自预热二次风调温器采用不锈钢材质 1Cr18Ni9Ti 制造，为翅片管套筒式间壁结构，最大供风量为 90Nm^3/h。烧嘴采用长烧嘴头结构，二次风口通过换热器回收烟气热量后，经二次风口喷嘴混入烧嘴出口火焰，达到调温的效果，烟气通入高温内管。烧嘴配置空、燃气调节阀和压力表、流量表，用于调整和设定空、燃气压力和流量。

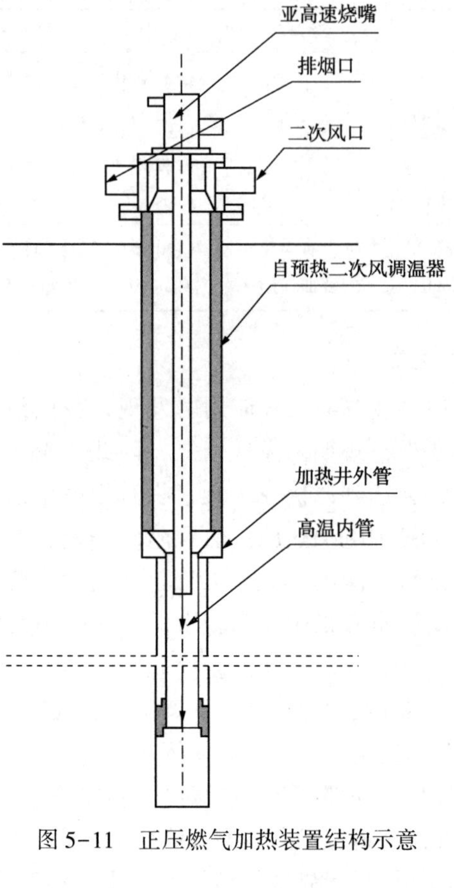

图 5-11　正压燃气加热装置结构示意

6.1.3 加热控制系统

控制系统负责控制加热系统的启停，同时监测烧嘴工作状态和加热井工作温度，并对烧嘴、风机的报警做出响应。

系统功能如下：

(1) 手动控制风机、烧嘴的启停；

(2) 风机故障停止运行报警并关闭烧嘴；

(3) 烧嘴故障熄火报警；

(4) 加热井工作温度检测及报警；

(5) 所有土壤测温点温度检测；

(6) 上述所有数据的存储、显示和输出。

当初始检查建立，发热的峰值点将加热。土壤温度逐渐增加，启动阶段的数据和观测值编辑成运行跟踪表。在启动过程中，应优化装置的工作效率。设备运行的各种参数将被记录，并用来验证与土壤通风热抽提处理的动力学。在系统启动阶段中，各单位将进行良好运行所必需的内在调整。目的在于构建在最佳的操作条件，以确保在运行阶段进行可能的最合适的并能够达到技术数据最大值的处理。

在此阶段，尤其应解决以下内容：

(1) 抽提流量的调节；

(2) 温度上升过程中运行参数的跟踪(消耗、自动装置管理、测量装置检验、FID 检测等)；

(3) 按照时间安排和固定的顺序建立的流量、压降、压力及其他运行参数的记录清单；

(4) 运行时间控制；

(5) 任何意外情况和故障的预防；

(6) 在温度逐步增加后，观察整个单元、工程和处理系统网络，并进行土壤通风热抽提单元固有参数的测试。

6.1.4 尾气及废液处理设备

真空抽提上来的尾气通过二级水冷系统及喷淋塔实现气液分离(见图 5-12)。大部分气体通过二级冷却系统已凝结成液体。少量不凝气体引入系统活性炭系统进行处理，达标后排放。该处理系统配备有尾气质量监测与报警设备，可以随时监测排放气体是否达标。尾气排放将满足 GB 18484—2001《危险废物焚烧污染控制标准》(二噁英、烟气黑度、HCl、颗粒物、SO_2、CO、NO_x)，GB 16297—1996《大气污染物综合排放标准》(非甲烷总烃)和 GB 14554—1993《恶臭污染物排放标准》。

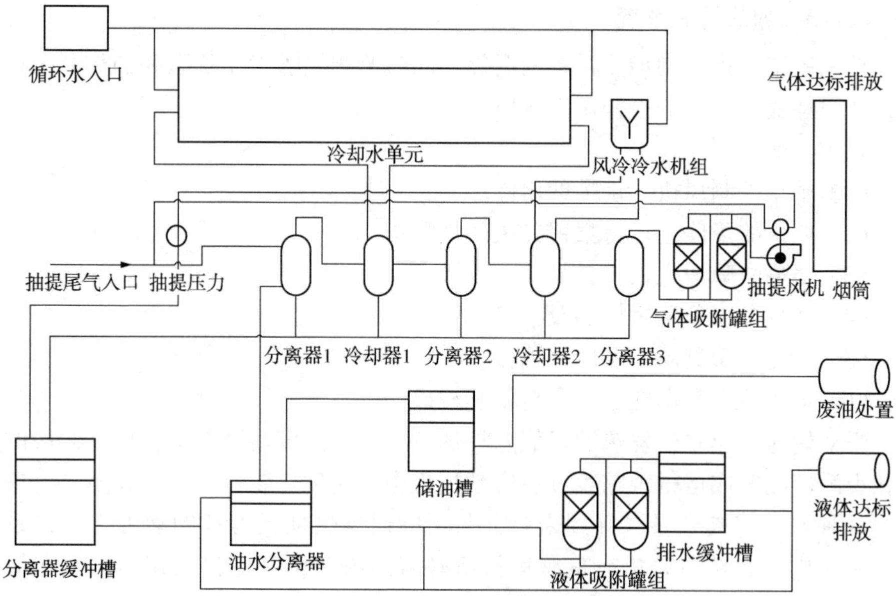

图 5-12　废气和废液处理工艺流程

废液处理系统由一个油水分离器和内循环汽提系统组成，油性污染物被分离收集到一个容器中，可溶性污染物通过液体活性炭处理系统后达标排放。处理后液体可达到排入城市污水管网的标准。大部分气体通过几级冷却系统已凝结成液体，少量不凝气体引入活性炭系统进行处理，达标后排放。

1. 废液处理系统

(1) 纯相分离

冷却器 1~3 及汽水分离器 1~3 分离出的液体，经过汇总进入缓存罐。缓存罐中的液体通过耐腐蚀泵输入油水分离器；经过油水分离器的分离后，油类液体经泵输送至储油槽保存等待外送，固体污染物保存在油水分离器的储油槽内等待外送，水类液体通过耐腐蚀泵输入活性炭吸附罐 2 组进行吸附处理，处理完成的废水经排水缓冲槽后可直接排放或作为冷却补充水回用。

(2) 含水流体的过滤处理

此外，从油相分离出的水将被转移到活性炭过滤装置进行排放前处理。水过滤将采用活性炭过滤器(见图 5-13)，技术特征如表 5-6 所示。用于水处理的活性炭过滤器将配备有压力表(输入和输出)，以便监视内部压力上升，防止可能产生的堵塞。

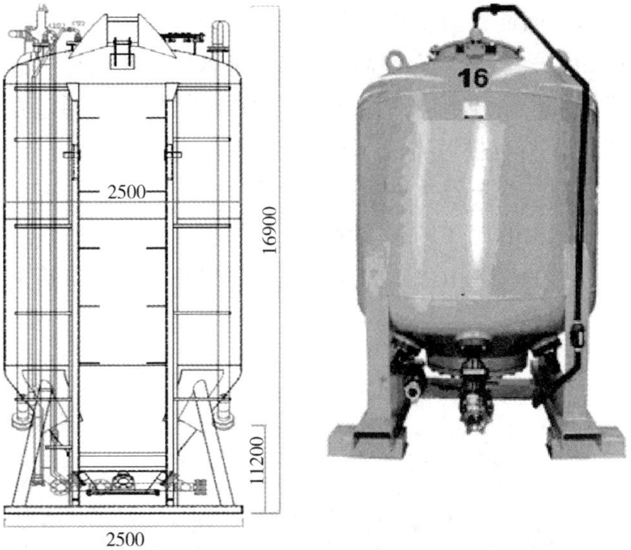

图 5-13　含水流体处理用活性炭过滤器的特征

表 5-6　活性炭颗粒的相关参数

碳类型	煤炭-颗粒	
参数	质量	典型值
总 BET 面积/(m^2/g)	≥750	850
碘指数/(mg/g)	≥850	920
亚甲蓝指数/(mg/g)	≥240	260
废糖蜜指数/(mg/L)	≥230	290
水含量/%	≤2	0.6
pH 值	9~11	9.7
硬度/%	≥90	96
压实产品密度/(g/L)	490	
粒度测定/mm	2.36~0.6	

2. 抽提气体的处理

当土壤被加热，土壤中的水分被加热汽化后，蒸汽被高压离心风机 1 从土壤中抽出，进入抽提管路。抽提管路连接到汽水分离器 1 的法兰上(见图 5-14)。抽提管路首先连接空气冷却器 1，进行初步冷却以保证进入下一级汽水分离时气体温度不高于 87℃；空气冷却器 1 采用耐高温耐腐蚀材质，经循环水冷却，循环水由冷却塔提供。经空气冷却器 1 冷却的气体进入汽水分离器 1，初步分离气体和液体后气体进入空气冷却器 2、液体进入缓存罐。空气冷却器 2 采用耐腐蚀材质，经循环水冷却，循环水由冷却塔提供。通过空气冷却器 2 的气体进入汽水分离器 2；进行第二次分离气体和液体后，气体进入空气冷却器 3、液体进入缓存罐。空气冷却器 3 采用循环水冷却，循环水由冷却塔提供。通过空气冷却器 3 的气体进入汽水分离器 3；进行第三次分离气体和液体后，气体进入空气冷却器 3、液体进入缓存罐；空气冷却器 3 采用循环冷冻水冷却，循环冷冻水由冷冻机组提供。通过空气冷却器 3 的气体进入活性炭吸附罐组 1，由活性炭进行污染气体的吸附；经过吸附罐组的气体由密闭的高压离心风机 1 抽取，最后处理过的气体经烟囱排入大气中。

图 5-14　抽出气体冷却器样

活性炭过滤是保证处理圆满最通用的解决方案，在良好灵活的条件下，能满足气体补充处理的要求。污染物被吸附在活性炭床上；用新碳更换饱和碳，然后在指定设施中处理。在这种情况下，使用具有强保持能力的碳，这意味着其捕集能力为质量的 20%~30%。储存条件也同样应得以保证，尤其是防潮保护方面。所使用的活性炭被抽提出来并装进大袋子，通过焚化处理或回收再利用。预先验收证书(CAP)要求饱和碳被清除，并在工程启动前转移。废弃物的运输应按照能够一直跟踪到目的地的废弃物跟踪明细表(B. S. D)进行。

3. 冷却器

(1) 冷却器 1

在管道中预降温后，冷却器 2 用于工质气体的主降温过程(见图 5-12)，凝结气体中大部分水汽；采用以冷凝为主，降温为辅的原则，将 87℃饱和湿空气降温至 40℃，以满足下一级汽水分离和冷却的需要。

(2) 冷却器 2

冷却器 2 用于工质气体的最终降温(见图 5-12),凝结气体中残余的部分水汽,为尽量均衡冷却能力,此阶段降温采用以降温为主,冷凝为辅的原则,将 40℃的饱和湿空气降温至 15℃。

4. 分离器

(1) 分离器 1

分离器 1 用于分离预冷后工质气体所含液态水约 2450kg/h,减少下一级冷却过程的含水量的同时,分担总分离水的负担。

(2) 分离器 2

分离器 2 用于分离中冷后工质气体所含液态水约 3800kg/h,减少下一级冷却过程的含水量的同时,分担总分离水的负担。

(3) 分离器 3

分离器 3 用于分离最终冷却后工质气体所含液态水约 150kg/h。

5. 气体吸附罐组

气体吸附罐组(见图 5-12)用于吸附抽提气体溶解的污染物,为防止设备长时间使用的腐蚀,整体设备内部涂覆玻璃钢鳞片漆,可以承受弱酸、弱碱,碳床采用不锈钢 304L 的支架和网。

6. 高压风机

高压风机(见图 5-12)用于为抽提气体提供负压并鼓送烟囱排放,采用不锈钢材质密封结构,风量为 $3100m^3/h$,风压为 15kPa。风机出口直接通入排气烟囱,烟囱采用 *DN*300($\phi 325\times 6$)钢管制造,按照 GB 14554—1993《恶臭污染物排放标准》设计,高度高于 15m,满足该标准中"二级、新建"排放要求。

7. 冷却塔机组

冷却塔机组用于为初级冷却器和中级冷却器的冷却换热过程提供循环冷却水(见图 5-12)。采用开式逆流蒸发冷却形式,多台冷却塔并联工作。上述两个冷却过程 3200kV·A 的冷却换热量,考虑不同环境下的使用系数,冷却塔机组需配置 3500kV·A 的冷却能力。

8. 冷水机组

冷水机组用于为上述冷却器 3 提供 7℃的冷冻循环水(见图 5-12)。冷水机组采用风冷螺杆机组,自带风冷器和缓冲水箱,不需要另外提供冷却水。

9. 分离液储槽

分离液储槽用于缓存气液分离器分离出的液体,等待送往水处理设备处理,容积为 $8m^3$(见图 5-12)。

10. 油水分离器

油水分离器用于对废水中的固体污物、油脂和水进行分离收集和排放，处理量 $45m^3/h$(见图 5-12)。油水分离器通过设备中的栅格网以及利用重力分离方式分离废水中的固体污物，并收集在沉渣槽内。油水分离采用微气泡气浮法重力分离方式，上浮与水分层的油脂通过自动刮油器收集至集油箱内，进而由隔膜泵抽取至储油槽。分离出的水由外送泵送出。为防止可能产生的有机气体爆炸，油水分离器采用防爆设计，其电气系统采用隔爆电控箱安装，防爆等级为 Ex(d)IIB。

11. 储油槽

储油槽(见图 5-12)用于接收来自油水分离器的油污，等待外送处理。油水分离器中的油液由电动隔膜泵送往储油槽，容积为 $8m^3$。为防止可能产生的有机气体爆炸，储油槽、泵电机以及现场控制箱等设备均采取防爆设计，防爆等级为 Ex(d)IIB。

12. 排水缓冲槽

排水缓冲槽(见图 5-12)用于接收由油水分离器排出的废水，等待外送处理，容积约 $60m^3$。

13. 管路

液体管道的管径根据实际流量计算，流速不高于 3m/s。管道系统的布置(包括合理设置各种支吊架)能承受各种荷载和应力。尾气处理及水处理设备之间的管路连接采用不锈钢材质管道及管件，循环冷却设备采用碳钢材质管道及管件连接。所有管道的布置和支吊架设计便于检修维护与保温安装。在与设备连接处提供法兰短管件，以减少维修要求的管道拆卸工作。

14. 保温与降噪

(1) 保温

设备外表面温度：最高 60℃。保温材料不裸露在外。保温材料有可靠的防水层。室外设备、管道保温防水层的有效使用时间不少于两年。钢结构的防腐要求为：喷砂 SA2.5，基层 50μm 厚的环氧磷酸锌，面层两遍聚亚安酯，总厚度为 120μm。

原位热脱附尾气抽提系统内有关法兰密封垫片均采用 PTFE 材质。

(2) 降噪

供应商保证运行设备的任何一项设备(包括阀门)周边位置以外 1.0m 噪声不大于 85dB，适用运行设备的这项要求已包括合同范围内所有设备的噪声影响。

15. 运行跟踪

在启动加热后，现场操作人员将建立和编制运行跟踪簿，记录所有的运行参数及处理参数，包括加热井外壁温度、测温井温度、各节点管道压力等。现场操作人员还将使用FID火焰电离分析仪实现连续抽出的气体质量的跟踪。应进行FID的测量位置：每一个抽提井口、每一个排烟总管路、加热区域排烟烟囱中点、尾气设备入口和尾气设备中活性炭空气过滤器的出口。这些检测半连续工作，能够实现定义的一定数量的采样点的计划性分析。从一个点到另一个点的分析时间是变化的。该分析时间取决于采样点和空气流量的分析仪之间的距离。该值表示为“PPM CH4”等价物。为保证其结果的一致性和验证“抽出质量标准”，将建立FID提供的“PPM”结果，与通过活性炭抽取的并送往实验室的空气样本的分析结果之间的关联。

16. 分析监督

此外，计划定期抽取已处理的气体样本，以验证每月在同一时间大气排放的一致性(启动后第一个月内一周一次，以后每月一次)。对于土壤通风热抽提过程中产生的冷凝液及水，按照相同的原理进行抽样(启动后第一个月内一周一次，以后每月一次)，分析的参数包括苯和PAHs。每月对活性炭过滤器上游的除雾器以及排放点进行抽样，以便验证排出的液体是否符合排放标准。分析将委托给第三方实验室进行。

6.2 建堆热脱附技术

6.2.1 建堆及其覆盖层

建堆覆盖层一般使用低成本的隔热砖、水泥砂浆和发泡水泥构筑。覆盖层要求尽可能封闭和防水，防止降水造成建堆内部进水，降低加热效能。建堆热脱附所使用的加热管和抽提管，可在建堆的同时按预定位置水平埋设。

6.2.2 建堆加热装置

(1) 电热管加热装置

电加热和燃气加热的热传导式加热元件，可直接使用原位热脱附技术的相关装置。加热元件在建堆中横置分层埋设，由于没有类似于原位热脱附的打井插入过程，加热管的布置数量对施工成本并不构成太大影响，可进一步优化加热管间距，提高供热能力和加热速度，故一般建堆热脱附的处置周期较原位热脱附相对更短。电加热管可采用310S外壳填充氧化铝粉和电热丝缩管制作的电阻式电热元件，元件外径为20～30mm，元件长度一般不超过17m，加热功率为1.3～1.5kW/m。使用这种加热元件时，受限于加热元件的长度，建堆施工的宽度无法超过元件长度的2倍，即34m。加热管外形和截面图如图5-15所示。

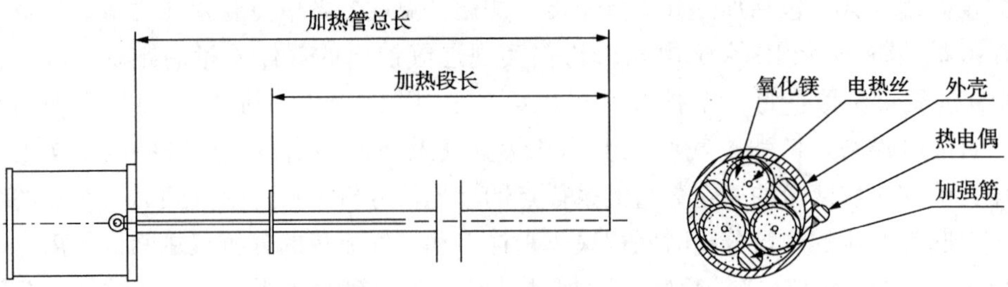

图 5-15　加热管外形和截面图

(2) 燃气加热管加热装置

在规模较大的热脱附工程中，电加热装置数量多，配电要求较高，通常会达到兆伏安级别，临时用电申请很难配置，很多修复项目因受用电局限而无法使用电能作为加热能源。为此，使用天然气加热的加热装置已经在国内大规模工程化应用，例如，江苏大地益源公司所使用的负压烧嘴，而河北赛坦公司使用功率较大的正压烧嘴来实现给土壤供热。加热管示意如图 5-16 所示。

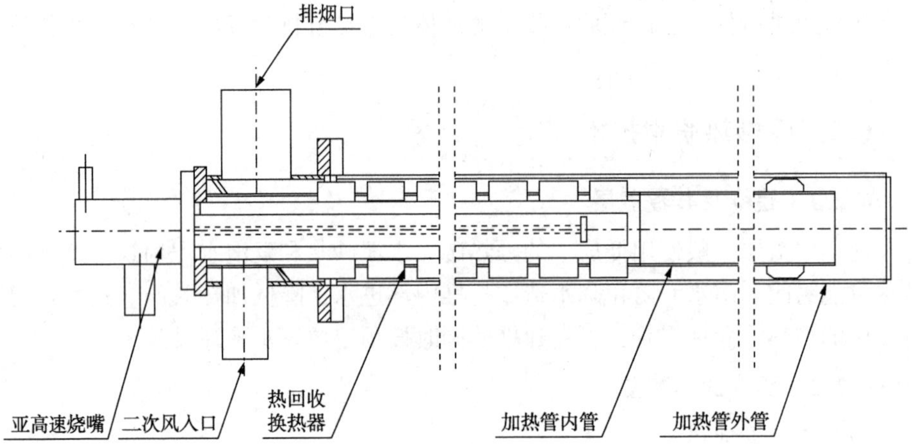

图 5-16　加热管示意

在燃烧器中燃烧天然气或液化石油气，产生高温气体；通过风机将高温气体引入埋设在建堆中的加热管中，井内安装有带高温内管的套管式燃气加热管，高温烟气通过高温内管供入土壤加热井底部，并从高温内管和加热外管之间的环隙回流同时加热土壤，并使其在井内往返流动；高温气体(600~800℃)通过加热管间接加热土壤，通过热传导方式加热建堆土壤，使得土壤温度升高(升温速率最高可达到 20℃/d)到目标温度；当土壤温度达到目标值后，土壤中的污染物能够从土壤中迅速解吸并分离出来，形成含污染物的蒸汽。

在整个加热过程中，对单个燃烧器的燃烧状况、温度、压力以及土壤中关键位置的温度、压力进行实时监测，记录数据并通过无线数据系统进行传输，通过远程访问数据实现对整个过程的实时监控。修复建堆中的单个燃烧器可以单独控制，达到温度梯度和能量消耗最优化。

正压燃烧燃气加热管配置有热回收换热器，可将待排出热烟气中的部分能量回收，作为加热能量重新注入加热管中，可在使用同样能源的情况下获得更高的加热温度，提升了能源利用率和加热能力。通过更高的加热能力和更易获取的能源，燃气加热的建堆热脱附工程更容易大型化，也更有利于缩短升温时间，加快项目的进度。

6.2.3 尾气抽取及废液处理装置

建堆热脱附的尾气抽取及废液处理装置与原位热脱附的尾气抽取及废液处理装置基本一致。

6.3 北京某焦化厂遗址公园原位热脱附修复中试项目案例

6.3.1 项目背景

该厂区为老牌钢铁焦化企业，企业搬迁后改为工业遗址博物馆，需保留原有地面以上的建筑物，因此选用原位热脱附技术对污染场地进行治理。

6.3.2 场地条件

业主要求开发建设成工业遗址公园，要求保留原有地面以上的建筑物，由于场地有限，我们根据场地具体条件，量身设计了一套综合解决方案。

6.3.3 污染情况

土壤污染物主要为苯和苯并(a)芘，污染土壤层主要集中在3~5m。

6.3.4 修复目标

根据风险评估分析，苯的目标修复浓度为51.6mg/kg，苯并(a)芘的目标修复浓度为6.2mg/kg。

6.3.5 污染场地特点

由于该场地要开发建设成工业遗址公园，业主要求保留所有地面管路及地上建筑物，因此选用原位热脱附技术，没有对场地进行任何开挖工程，中试修复面积约为100m^2。

6.3.6 修复工艺及流程图

污染场地应用1套原位土壤热脱附修复成套设备，采用土壤原位加热+尾气抽提处置的方式进行修复。在污染地块按照指定间距施工多个加热井和抽提井，通过插入加热井内的燃气土壤加热管对地块土壤进行加热，使土壤温度上升至有机污染物的沸点以上，将有机污染物转移至气相；同时通过抽提井对含有污染物的气相进行负压抽提，将其抽取至尾气处理系统中进行污染物分离和捕获，最终实现土壤的污染物去除和修复效果。

原位土壤热脱附修复成套设备包括场地热脱附系统和尾气抽提处理系统两个子系统。场地热脱附系统负责对土壤进行控温加热，同时为热脱附尾气的抽提提供适当的抽提井和接口，包括若干土壤加热管、若干尾气抽提井、若干土壤测温装置，以及 1 套供气排烟系统、1 套地面管路系统和 1 套电控系统等。尾气抽提子系统负责从场地抽提井中抽提出热脱附尾气，并对其进行冷却、冷凝、分离和吸附处理，以及尾气冷凝液的分离和吸附处理，去除其中的污染物成分，实现达标排放；尾气抽提子系统包括多级尾气冷却、冷凝和分离装置、尾气抽提风机、尾气活性炭吸附装置，以及配套的冷却水系统、冷凝液处理系统和电控系统等。场地热脱附子系统的工艺流程示意如图 5-17 所示。

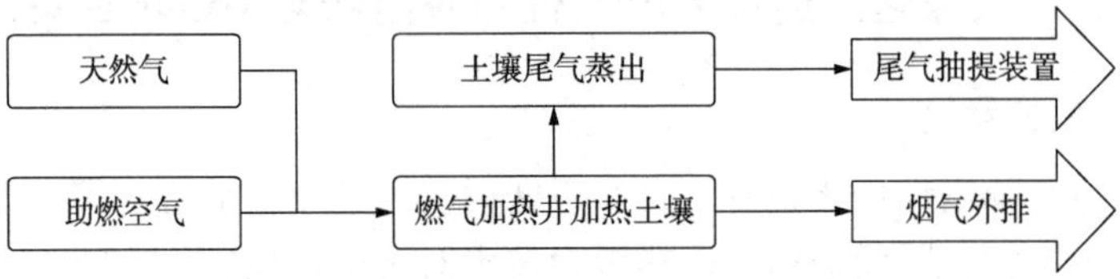

图 5-17　修复工艺及工艺流程示意

6.3.7　运营关键参数设定

运营关键参数如表 5-7 所示。

表 5-7　运营关键参数

项　目	参数	项　目	参数
热脱附额定处理深度/m	-5	土壤目标加热温度/℃	350
燃气加热管操作功率/kW	18	尾气抽提接口压力/kPa	≤-10
加热管内部工作温度/℃	1050	尾气抽提接口温度/℃	<200
加热管表面工作温度/℃	700	尾气深度冷凝温度/℃	≤15

6.3.8　项目特点

为适应项目需求，热脱附加热系统使用具有专利技术的带有烟气热回收装置的高温燃气土壤加热管。先进的燃气土壤加热管采用高规格的耐热材质内管和外管，配合成熟强劲的亚高速工业燃气烧嘴作为燃烧器，可在较高的热负荷下稳定工作，加热管工作温度和表面热负荷高，加热过程土壤升温速度快。

由于燃气加热管热强度高，排烟温度也较高，专利技术的燃气土壤加热管配置有专门的换热器，可从排放的烟气中回收约 40%的热量，用于助燃空气和调温空气的预热，从而在保证高温高效加热的前提下节约燃气，降低项目总体能耗水平。作为国内“自身预热式调温燃气土壤加热管”的首次应用，有效回收了加热排烟中的部分热量，结果表明在不增加总体能耗水平的前提下，可实现高加热温度和高表面负荷的燃气土壤加热过程，达到缩短加热周期和提高加热目标温度的目的。

项目的尾气抽提处理系统采用专门的框架撬装式尾气抽提处理成套设备，可在场地抽提井中实现较大的抽提负压，利于热脱附尾气的引出，同时可在土壤内部形成低压环境，降低了污染物的沸点，利于污染物的汽化热脱附过程。尾气抽提处理系统冷却分离能力强，配套设施完善，废水废气实现达标排放。尾气抽提处理过程中，采用工业冷冻水对尾气进行进一步的深度冷凝，有效分离了尾气中分子量较小的一部分有机污染物，大幅度降低了冷凝后尾气中的有机物含量，在保证尾气达标排放的同时，有效降低了后续活性炭吸附过程的耗炭量。

6.4 安徽某原化工地块土壤污染原位热脱附修复项目案例

6.4.1 项目背景

安徽某化工地块土壤污染治理工程原地原位热脱附修复项目分为三期，修复面积约为4813.54m^2，修复深度分别为8m和12m，采用天然气燃烧热传导加热方式使污染地块加热至200℃左右，使目标污染物从土壤中蒸发脱附，项目定位为中央环保督查项目、安徽省重点环保工程。

6.4.2 场地条件

项目地处蚌埠市龙子湖区淮河堤以南，解放路以西，北临淮河，东临解放路淮河大桥，地形平坦，地势略呈西北高东南低，地表水位较浅。

6.4.3 污染情况

场地及地下水大部分被原化工厂废水污染，主要污染物为含氯有机物，最大污染深度为12m，见表5-8。

表5-8 主要污染物特征

污染物	污染深度/m	最大污染浓度/(mg/kg)
砷(As)	8~12	60.07
1,2-二氯丙烷	8~12	1.09
氯苯	8~12	1530.00
2,4-二硝基苯酚	8~12	352.94

续表

污染物	污染深度/m	最大污染浓度/(mg/kg)
4-硝基苯酚	8~12	366.68
苯并(a)芘	8~12	0.70
1,3-二氯苯	8~12	52.11
1,4-二氯苯	8~12	61.93
4-氯苯胺	8~12	344.20
间-硝基氯苯	8~12	960.97
对-硝基氯苯	8~12	7600.00
邻-硝基氯苯	8~12	8730.00

6.4.4 修复目标

修复后达到商住用地标准(见表 5-9)。

表 5-9 目标修复值

污染物	修复深度/m	修复目标浓度/(mg/kg)
砷(As)	8~12	20.00
1,2-二氯丙烷	8~12	1.00
氯苯	8~12	132.41
2,4-二硝基苯酚	8~12	77.92
4-硝基苯酚	8~12	35.81
苯并(a)芘	8~12	0.55
1,3-二氯苯	8~12	19.63
1,4-二氯苯	8~12	7.04
4-氯苯胺	8~12	132.69
间-硝基氯苯	8~12	1.98
对-硝基氯苯	8~12	32.35
邻-硝基氯苯	8~12	1.98

6.4.5 污染场地特点

污染深度较深，临近淮河，属于淮河南岸河漫滩相，原先部分为沼泽地，地下水位较高。

6.4.6 修复工艺及流程图

修复工艺见 6.3.6 节。

6.4.7 运营关键参数设定

运营关键参数如表 5-10 所示。

表 5-10 运营关键参数

项目	参数	项目	参数
热脱附额定处理深度/m	-8.5，-12.5	土壤目标加热温度/℃	200
燃气加热管操作功率/kW	35	尾气抽提接口压力/kPa	≤-10
加热管内部工作温度/℃	800	尾气抽提接口温度/℃	<200
加热管排烟温度/℃	~400	尾气深度冷凝温度/℃	≤15

6.4.8 项目特点

项目场地地下水位浅，且靠近河流，地下水补充迅速，故需要在原位热脱附修复前在场地周围施工止水帷幕，并对场地实施降水，避免不断补充的地下水导致热脱附过程无法有效实施。

降水后的场地土壤含水率高，需要在有限的工期内完成热脱附修复工作，需要加热能力更强的土壤加热元件。项目使用的外热式燃气土壤加热管最高输入功率为 50kW，大功率燃气式土壤加热管的应用，保证了单位面积场地内更高的加热功率输出，且加热井直径更大，长度方向上的温度均匀性更好，可以长期稳定地维持均匀的高强度加热功率输出，以及加热深度方向上的高温温度均匀性，有效提升了土壤受热能力和升温速度，保证了修复工期。

项目的尾气抽提处理系统采用专门的框架撬装式尾气抽提处理成套设备，可在场地抽提井中实现较大的抽提负压，利于热脱附尾气的引出，同时可在土壤内部形成低压环境，降低污染物沸点，利于污染物的汽化热脱附过程。尾气抽提处理系统冷却分离能力强，配套设施完善，废水废气实现达标排放。

6.5 重庆某钢铁厂建堆热脱附案例

6.5.1 项目背景

重庆某钢铁厂遗留的多环芳烃和汞复合污染土壤，该项目为西南地区第一例建堆热脱附处理含汞的污染土壤，为科研课题提供了有力的工程实践，是产学研结合的代表项目。

6.5.2 场地条件

坡堆场地平整，污染土开挖出来，现场建堆，现场无法供应天然气，改造成液化石油气装置。

6.5.3 污染情况

主要以重金属(汞)和多环芳烃(萘、苯并[a]蒽、苯并[b]荧蒽、苯并[a]芘、茚并[1,2,3-cd]芘、二苯并[a，h]蒽)复合污染为主。

6.5.4 修复目标

土壤中主要污染物修复目标见表5-11，土壤加热目标温度140℃。

表5-11 土壤中主要污染物修复目标

污染物	修复目标/(mg/kg)	污染物	修复目标/(mg/kg)
Hg	8	苯并[a]芘	0.55
萘	25	茚并[1，2，3-cd]芘	5.5
苯并[a]蒽	5.5	二苯并[a，h]蒽	0.55
苯并[b]荧蒽	5.5		

6.5.5 污染场地特点

土壤成分复杂，污染物复杂，污染面积分散，污染浓度分布不均，但污染土壤总量不大。

6.5.6 修复工艺

根据项目情况和业主要求，采用建堆热脱附修复方式。建堆热脱附修复方式类似于土壤原位热脱附修复，采用土壤建堆加热+尾气处理的方式进行修复。将污染土壤收集集中后，建设一个坡堆，坡堆内部按照指定间距埋设多个加热管和抽提管，通过埋入坡堆内部的燃气土壤加热管对坡堆土壤进行加热，使土壤温度上升至有机污染物的沸点以上，将有机污染物转变为气相；同时通过抽提管对含有污染物的气相进行引出，将其抽取至尾气处理系统中进行污染物分离和捕获，最终实现土壤的污染物去除和修复效果。

建堆土壤热脱附修复设备包括坡堆热脱附系统和尾气处理系统两个子系统。坡堆热脱附系统负责对坡堆土壤进行控温加热，同时为热脱附尾气的抽取提供适当的抽提管和接口，包括若干土壤加热管、若干尾气抽提管、若干土壤测温装置，以及一套供气排烟系统和一套电控系统等。尾气处理子系统负责从坡堆抽提管中抽出热脱附尾气，并对其进行冷却、冷凝、分离和吸附处理，去除其中的污染物成分，实现达标排放；尾气处理子系统包括尾气冷却、冷凝和分离装置、尾气风机、活性炭吸附装置，以及配套的冷却水系统和电控系统等。

6.5.7 运营关键参数设定

运营关键参数如表5-12所示。

表 5-12 运营关键参数

项 目	参数	项 目	参数
加热管工作加热长度/m	15.5~17.5	土壤目标加热温度/℃	150
燃气加热管操作功率/kW	35	尾气抽提接口压力/kPa	≤-9
加热管内部工作温度/℃	800	尾气抽提接口温度/℃	<150
加热管排烟温度/℃	~400	尾气深度冷凝温度/℃	<50

6.5.8 项目特点

项目污染土壤分布零散，总量不大，成分复杂，使用建堆热脱附方式可在有限的场地内和较低的资源投入情况下，有效完成复杂情况污染土壤的热脱附修复工作。建堆热脱附采用污染土壤集中建堆内部静态加热的方式执行热脱附操作，设备设施数量少，施工简单，运行稳定，环境要求低，所需场地面积和设备成本都非常有限。同时因为其热脱附环境和加热过程完全处于人工的可控状态，受自然环境影响小，热脱附修复效果稳定可靠。建堆热脱附设备基本处于静态运行，噪声和尾气尾水的排放均控制在极低水平，对周围环境基本不构成影响。

6.6 盐城某化工厂建堆热脱附(电热堆+燃气堆)案例

6.6.1 项目背景

本项目为在产企业污染土壤修复治理工程，根据甲方的要求和对方案的论证，采用建堆热脱附(电热堆+燃气堆)形式处理污染土壤中的污染物，项目工期紧，任务重，工程量大。

6.6.2 场地条件

燃气加热坡堆底部尺寸为 28m×28m，堆高为 2.5m，坡堆总体积为 1727m^3，布置在 30m×30m 的场地。电加热坡堆底部尺寸为 9m×58m，堆高为 2.5m，坡堆总体积为 1017m^3，布置在 11m×60m 的场地。

6.6.3 污染情况

项目的污染物为苯、乙苯、三氯丙烷等。

6.6.4 目标温度

土壤加热目标温度为 130℃。

6.6.5 污染场地特点

土壤成分复杂，污染物复杂，污染面积分散，污染浓度分布不均，但污染土壤总量不大。

6.6.6 修复工艺

根据项目情况和业主要求，采用两座建堆同时进行热脱附修复操作。一座采用燃气式土壤加热管进行加热，另一座采用电加热管进行加热。建堆热脱附修复方式类似于土壤原位热脱附修复，采用土壤建堆加热+尾气处理的方式进行修复。

将污染土壤收集集中后，建设一个坡堆，坡堆内部按照指定间距埋设多个加热管和抽提管，通过埋入坡堆内部的燃气土壤加热管对坡堆土壤进行加热，使土壤温度上升至有机污染物的沸点以上，将有机污染物转变为气相；同时通过抽提管对含有污染物的气相进行引出，将其抽取至尾气处理系统中进行污染物分离和捕获，最终实现土壤的污染物去除和修复效果。

建堆土壤热脱附修复设备包括坡堆热脱附系统和尾气处理系统两个子系统。坡堆热脱附系统负责对坡堆土壤进行控温加热，同时为热脱附尾气的抽取提供适当的抽提管和接口，包括若干土壤加热管、若干尾气抽提管、若干土壤测温装置，以及一套供气排烟系统和一套电控系统等。尾气处理子系统负责从坡堆抽提管中抽出热脱附尾气，并对其进行冷却、冷凝、分离和吸附处理，去除其中的污染物成分，实现达标排放；尾气处理子系统包括尾气冷却、冷凝和分离装置、尾气风机、活性炭吸附装置，以及配套的冷却水系统和电控系统等。

6.6.7 运营关键参数设定

运营关键参数如表 5-13 所示。

表 5-13 运营关键参数

项　　目	参数	项　　目	参数
加热管工作加热长度/m	24.45~26.15	电加热管控温温度/℃	800
燃气加热管操作功率/kW	35	土壤目标加热温度/℃	130
加热管内部工作温度/℃	800	尾气抽提接口压力/kPa	-2~-3
加热管排烟温度/℃	~400	尾气抽提接口温度/℃	<130
电加热管工作长度/m	5.2~7	尾气深度冷凝温度/℃	<50
电加热管操作功率/kW	9.6		

6.6.8 项目特点

项目污染土壤分布零散，总量不大，成分复杂，使用建堆热脱附方式可在有限的场地内和较低的资源投入情况下，有效完成复杂情况污染土壤的热脱附修复工作。按照项目情况，选用燃气加热建堆热脱附和电加热建堆热脱附两种加热形式，充分验证了其各自的热修复特性。建堆热脱附采用污染土壤集中建堆内部静态加热的方式执行热脱附操作，设备设施数量少，施工简单，运行稳定，环境要求低，所需场地面积和设备成本都非常有限。同时，因其热脱附环境和加热过程完全处于人工的可控状态，受自然环境影响小，热脱附修复效果稳定可靠。建堆热脱附设备基本处于静态运行，噪声和尾气尾水的排放均控制在极低水平，对周围环境基本不构成影响。

6.7 浙江某金属材料市场退役地块异位热脱附修复项目案例

6.7.1 项目背景

浙江某金属材料市场搬迁后遗留的污染场地，采购方根据实际生产经验及相关资料参数，委托供应方在采购方厂内完成一套土壤异位间接热脱附成套设备的设计、制造、安装、调试、培训和运营指导工作。

6.7.2 场地条件

项目建设地块大范围区域存在异味。

6.7.3 污染情况

污染土壤层主要集中在0~1.5m，主要污染物为重金属和半挥发性有机物，总修复面积约4.9万m^2，总污染土方量为11.89万m^3，土壤污染情况见表5-14。

表5-14 土壤污染情况

污染物	污染深度/m	最大污染浓度/(mg/kg)
氟化物	1.5~3	1250
锑	1.5~3	52.6
砷	1.5~3	185
铬	1.5~3	389
铜	1.5~3	2490
铅	1.5~3	5040
镍	1.5~3	120
苯并[a]蒽	1.5~3	20.2
苯并[b]荧蒽	1.5~3	45.9
苯并[k]荧蒽	1.5~3	15.3
苯并[a]芘	1.5~3	30
茚并[1，2，3-cd]芘	1.5~3	12.5
二苯并[a，h]蒽	1.5~3	3.44
苯并[g，h，i]芘	1.5~3	10.5

6.7.4 修复目标

修复目标见表 5-15，修复后的场地达到一类建设用地标准。

表 5-15 场地修复目标

污染物	修复目标/(mg/kg)	污染物	修复目标/(mg/kg)
氟化物	650	苯并[a]蒽	0.5
锑	31	苯并[b]荧蒽	0.5
砷	20	苯并[k]荧蒽	5
铬	250	苯并[a]芘	0.2
铜	600	茚并[1,2,3-cd]芘	0.2
铅	400	二苯并[a, h]蒽	0.05
镍	50	苯并[g, h, i]芘	5

6.7.5 污染土壤特点

污染土壤污染物不均匀，含有大量铁屑废料，土壤黏度大，重金属及半挥发性有机污染物超标。

6.7.6 修复工艺

污染土壤异位热脱附采用密闭间接加热的形式，将污染土壤内的有机污染物组分加热蒸发至气相，再由尾气系统将汽化的污染物连同其他气相一同抽出，之后进行冷却、冷凝和分离、吸附处理，最终实现污染土壤的修复复原。污染土壤异位热脱附修复操作采用一套污染土壤异位热脱附成套设备实施。热脱附设备以间接热脱附加热装置为核心，配套设置热脱附尾气淋洗和尾气处理系统、淋洗液系统，以及为加热装置配套的进出料设备和密封等设备，可完成污染土壤的热脱附处理和热脱附尾气的分离处理，处理分离的增量污水、浮油和污泥需外送处置。热脱附设备所有系统和装置由集成化自控系统统一控制，具有系统集成度高、自动化程度高、适应性强、可维护性能好等综合特性。为便于更换处理场地和户外生产，所有设备和系统均采用集装框架单元形式的橇块化设计或便于运输安装的整体化设计，适合快速安装和户外运行。污染土壤异位热脱附成套设备总体的工艺流程示意如图 5-18 所示。

土壤间接热脱附子流程的工艺流程示意如图 5-19 所示。

尾气处理子系统的工艺流程示意如图 5-20 所示。

废水处理子流程的工艺流程示意如图 5-21 所示。

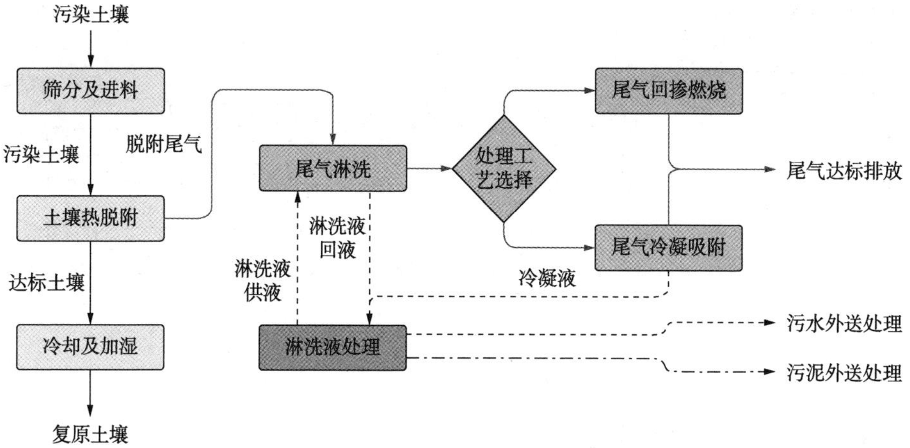

图 5-18　异位热脱附工艺流程示意

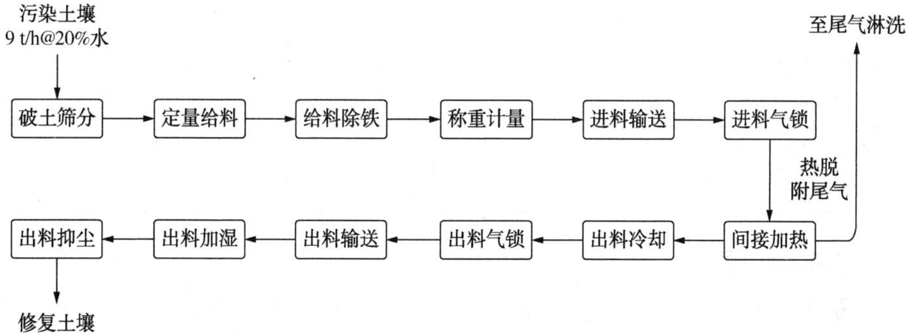

图 5-19　间接热脱附子流程的工艺流程示意

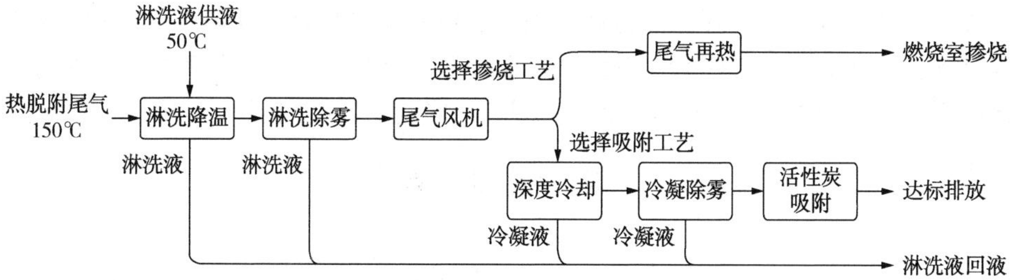

图 5-20　尾气处理子系统的工艺流程示意

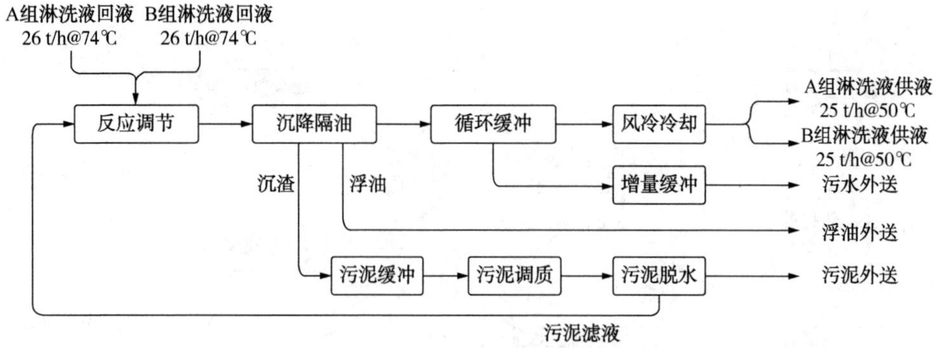

图 5-21 废水处理子流程的工艺流程示意

6.7.7 运营关键参数设定

运营关键参数如表 5-16 所示。

表 5-16 运营关键参数

项　　目	参数	项　　目	参数
污染土壤进料粒度/mm	≤30	热脱附设备热脱附操作温度/℃	≥350
污染土壤进料含水率/%	≤25	热脱附设备出料冷却温度/℃	≤100
热脱附设备额定处理量/(t/h)	9	热脱附设备尾气冷凝温度/℃	15
热脱附设备加热腔壁温/℃	700~750	热脱附设备淋洗液冷却温度/℃	≤60

6.7.8 项目特点

项目地块污染土壤以粉黏土为主，处理过程中土壤结壳倾向严重，同时土壤中较大的硬质颗粒较多，如金属块或石块，对设备的顺利进出料要求较高。污染土壤中污染物种类复杂，需要较高的热脱附操作温度，同时修复量大，工期紧张，对设备的处理能力和运行稳定性提出了较高的要求。异位热脱附设备在设计过程中，通过加强炉体保温降低散热损失、增强加热腔温度均匀性提升加热效果等措施，对热脱附能耗进行了系统性控制。实际能耗数值显示每吨污染土壤所消耗的天然气量可控制在 28~32 m^3，实现节能降耗的设计初衷。

参 考 文 献

[1] 高国龙，蒋建国，李梦露．有机污染土壤热脱附技术研究与应用[J]．环境工程，2012，30(1)：128-131.

[2] 美国环境署．超级基金修复报告第 16 版[M]．EPA-542-R-20-001，2020.

[3] HERON G，LACHANCE J，BAKER R. Removal of PCE DNAPL from tight clays using in situ

thermal desorption[J]. Groundwater Monitoring & Remediation, 2013, 33(4): 31-43.

[4] HERON G, PARKER P, FOURNIER S, et al. World's largest in situ thermal desorption project: Challenges and solutions [J]. Groundwater Monitoring & Remediation, 2015, 35(3): 89-100.

[5] 周昱，徐晓晶，保嶽，等．电加热在土壤气相抽提(SVE)中的实验研究[J]．科学技术与工程，2014，14(3)：277-280.

[6] JENNIFER L, POUL R, POUL C J. Assessment of groundwater quality improvements and mass discharge reductions at five in situ electrical resistance heating remediation sites[J]. Groundwater Monitoring & Remediation, 2014, 34(1): 27-28.

[7] 葛松，孟宪荣，许伟，等．原位电阻热脱附土壤升温机制及影响因素[J]．环境科学，2020，41(8)：3822-3828.

[8] BUETTNER H M, DAILY W D. Cleaning contaminated soil using electrical heating and air stripping[J]. Journal of Environmental Engineering, 1995, 121(8): 580-589.

[9] BEYKE G, FLEMING D. In situ thermal remediation of DNAPL and LNAPL using electrical resistance heating[J]. Remediation Journal, 2010, 15(3): 5-22.

[10] HERON G, CARROL S, NIELSEN S. Full-scale removal of DNAPL constituents using steam-enhanced extraction and electrical resistance heating[J]. Groundwater Monitoring & Remediation, 2010, 25(4): 92-107.

[11] POWELL T, SMITH G, STURZA J, et al. New advancements for in situ treatment using electrical resistance heating[J]. Remediation, 2010, 17(2): 51-70.

[12] MARTIN E J, KUPPER B H. Observation of trapped gas during electrical resistance heating of trichloroethylene under passive venting conditions[J]. Journal of Contaminant Hydrology, 2011, 126(3/4): 291-300.

[13] OBERLE D, CROWNOVER E, KLUGER M. In situ remediation of 1, 4-dioxane using electrical resistance heating[J]. Remediation Journal, 2015, 25(2): 35-42.

[14] GORM H, STEVEN C, STEFFEN G N. Full-scale removal of DNAPL constituents using steam-enhanced extraction and electrical resistance heating[J]. Groundwater Monitoring and Remediation, 2010, 25(4): 92-107.

[15] KINGSTON J, DAHLEN P, JOHNSON P. Assessment of groundwater quality improvements and mass discharge reductions at five in situ electrical resistance heating remediation sites [J]. Groundwater Monitoring and Remediation, 2012, 32(3): 41-51.

[16] CHOWDHURY A I A, GERHARD J I, REYNOLDS D, et al. Low permeability zone remediation via oxidant delivered by electrokinetics and activated by electrical resistance heating: proof of concept[J]. Environmental Science and Technology, 2017, 51, 13295-13303.

[17] TRUEX M J, MACBETH T W, VERMEUL V R, et al. Demonstration of combined zero-valent iron and electrical resistance heating for in situ trichloroethene remediation[J]. Environmental Science and Technology, 2011, 45(12): 5346-5351.

[18] XU Y, SUN E. Contaminated soil remediation through thermal desorption—Synthesis of Case

Histories and Comparison of In-situ and Ex-situ Applications[M]. The International Information Centre For Geotechnical Engineers, 2021. 4.

[19] BAKER R S, BIERSCHENK J M, LACHANCE J, et al. In situ thermal treatment of MGP waste and creosote. Paper H-057, in K. A. Fields and G. B. Wickramanayake (Chairs), remediation of chlorinated and recalcitrant compounds-2010[C]//Seventh international conference on remediation of chlorinated and recalcitrant compounds, Monterey, CA. Battelle Memorial Institute, Columbus, OH.

[20] HERON G, PARKER K, FOURNIER S, et al. World's largest in situ thermal desorption project: Challenges and solutions[J]. Groundwater Monitoring and Remediation, 2015, 35(3): 89-100.

[21] HERON G, BIERSCHENK J, SWIFT R, et al. Thermal DNAPL source zone treatment impact on a CVOC plume[J]. Groundwater Monitoring and Remediation, 2016, 36(1): 26-37.

[22] CROWNOVER E, OBERLE D, KLUGER M, et al. Perfluoroalkyl and polyfluoroalkyl substances thermal desorption evaluation[J]. Remediation Journal, 2019, 29(4): 77-81.

[23] HERON G, BAKER R S, BIERSCHENK J M, et al. Use of thermal conduction heating for the remediation of DNAPL in fractured bedrock [C]//Paper P - 003, in: Bruce M. Sass (Conference Chair), Proceedings of the Sixth International Conference on Remediation of Chlorinated and Recalcitrant Compounds, Monterey, CA. Battelle Press, Columbus, OH.

[24] 李书鹏, 焦文涛, 李鸿炫, 等. 燃气热脱附技术修复有机污染场地研究与应用进展[J]. 环境工程学报, 2019, 13(9): 2037-2048.

[25] DING N, REN Y X, XU B N, et al. In situ gas thermal remediation of a relocated coke plant: A plantstudy[J]. Fresenius Environmental Bulletin, 2019, 28(10): 7163-7169.

[26] VIDONISH J E, ZYGOURAKIS K, MASIELLO C A, et al. Pyrolytic treatment and fertility enhancement of soils contaminated with heavy hydrocarbons[J]. Environmental Science and Technology, 2016, 50 (5): 2498-2506.

[27] VIDONISH J E, ZYGOURAKIS K, MASIELLO C A, et al. Thermal treatment of hydrocarbon-impacted soils: A review of technology innovation for sustainable remediation[J]. Engineering, 2016, 2: 426-437.

[28] GODHEJA J, SHEKHAR S K, SIDDIQUI S A, et al. Xenobiotic compounds present in soil and water: A review on remediation strategies[J]. Journal of Environmental Analytical Toxicology, 2016, 6: 392.

[29] United States Environmental Protection Agency (USEPA), 2006. In situ treatment technologies for contaminated soil[C]//In: Engineering Forum Issue Paper. Solid Wates and Emergency Response 5203P, EPA 542/F-06/013.

[30] HUON G, SIMPSON T, HOLZER F, et al. In situ radio frequency heating for soil remediation at a former service station: Case study and general aspect[J]. Chemical Engineering Technology, 2012, 35 (8): 1534-1544.

[31] PRICE S L, KASEVICH R S, JOHNSON M A, et al. Radio frequency heating for soil remedia-

tion[J]. Journal of the Air & Waste Management Association, 1999, 49 (2): 136-145.

[32] FALCIGLIA P P, ROCCARO P, BONANNO L, et al. A review on the microwave heating as a sustainable technique for environmental remediation/detoxification applications [J]. Renewable and Sustainable Energy Reviews, 2018, 95: 147-170.

[33] FALCIGLIA P P, BONIFACIO A, VAGLIASINDI F G A, et al. An overview of microwave heating application for hydrocarbon contaminated soil and groundwater remediation[J]. Oil Gas Research, 2016, 2: 110.

[34] PORCH A, SLOCOMBE D, BEUTLER J, et al. Microwave treatment in oil refining[J]. Applied Petrochemical Research, 2012, 2: 37-44.

[35] AGUILAR-REYNOSA A, ROMANI A, RODRIGUEZ-JASSO R, et al. Microwave heating processing as alternative of pretreatment in second - generation biorefinery: An overview [J]. Energy Conversion and Management, 2017, 136: 50-65.

[36] MENENDEZ J A, ARENILLAS A, FIDALGO B, et al. Microwave heating processes involving carbon materials[J]. Fuel Processing Technology, 2010, 91: 1-8.

[37] ROBINSON J P, KINGMAN S W, SNAPE C E, et al. Remediation of oil-contaminated drill cuttings using continuous microwave heating[J]. Chemical Engineering Journal, 2009, 152: 458-463.

[38] KROUZEK J, DURDAK V, HENDRYCH J, et al. Pilot scale applications of microwave heating for soil remediation[J]. Chemical Engineering and Processing: Process Intensification, 2018, 130, 53-60.

[39] FALCIGLIA P P, URSO G, VAGLIASINDI F G A. Microwave heating remediation of soils contaminated with diesel fuel[J]. Journal of Soils and Sediments, 2013, 13: 1396-1407.

[40] DAVIS E. 1997. Ground Water Issue: How Heat Can Enhance In-Situ Soil and Aquifer Remediation: Important Chemical Properties and Guidance on Choosing the Appropriate Technique, EPA 540/S - 97/502. U. S. EPA. , Office of Research and Development, 18 pp. http://www. cluin. org/down load/remed/heatenh. pdf.

[41] U. S. EPA. 1997. Analysis of Selected Enhancements for Soil Vapor Extraction, EPA 542/R-97/007. Office of Solid Waste and Emergency Response, 246 pp. http://www. cluin. org/download/remed/sveenhmt. pdf.

[42] U. S. EPA. 1995a. Innovative Technology Evaluation Report: IITRI Radio Frequency Heating Technology, EPA 540/R - 94/527. Office of Research and Development, 162 pp. http://nepis. epa. gov/pub titleOSWER. htm.

[43] U. S. EPA. 1995b. Innovative Technology Evaluation Report: Radio Frequency Heating, KAI Technologies, Inc, EPA 540/R - 94/528. Office of Research and Development, 168 pp. http://nepis. epa. gov/pubtitleOSWER. htm.

[44] Haliburton NUS Environmental Corporation. 1995. Installation Restoration Program Technical Evaluation Report for the Demonstration of Radio Frequency SoilDecontamination at Site S - 1. U. S. Air Force Center for Environmental Excellence, 1298 pp. http://www. osti. gov/bridge/

purl. cover. jsp? purl=/146796-ze58o8/webviewable/.

[45] WU T N. Environmental perspectives of microwave applications as remedial alternatives：review [J]. Practice Periodical of Hazardous Toxic and Radioactive Waste Management，2008，12：102-115.

[46] CHIEN Y. Field study of in situ remediation of petroleum hydrocarbon contaminated soil on site using microwave energy[J]. Journal of Hazardous Materials，2012，199/200：457-461.

[47] ABRAMOVITCH R A，HUANG B Z，DAVIS M，et al. Decomposition of PCB's and other polychlorinated aromatics in soil using microwave energy [J]. Chemosphere，1998，37：1427-1436.

[48] ABRAMOVITCH R A，HUANG B Z，ABRAMOVITCH D A，et al. In situ decomposition of PCBs in soil using microwave energy[J]. Chemosphere，1999，38：2227-2236.

[49] ABRAMOVITCH R A，HUANG B Z，ABRAMOVITCH D A，et al. In situ decomposition of PAHs in soil and desorption of organic solvents using microwave energy [J]. Chemosphere，1999，39：81-87.

[50] BULMAU C，MARCULESCU C，LU S，et al. Analysis of thermal processing applied to contaminated soil for organic pollutants removal[J]. Journal of Geochemical Exploration，2014，147：298-305.

[51] MERINO J，BUCALA V. Effect of temperature on the release of hexadecane from soil by thermal treatment[J]. Journal of Hazardous Materials，2007，143(1/2)：455-461.

[52] ARESTA M，DIBENEDETTO A，FRAGALE C，et al. Thermal desorption of polychlorobiphenyls from contaminated soils and their hydrodechlorination using Pd- and Rh-supported catalysts [J]. Chemosphere，2008，70(6)：1052-1058.

[53] 赵倩，李书鹏，刘渊文，等．间接热解吸工艺对去除污染土壤中 PAHs 的应用效果研究[J]. 环境工程，2018，36(3)：180-184.

[54] QI Z F，CHEN T，BAI S H，et al. Effect of temperature and particle size on the thermal desorption of PCBs from contaminated soil [J]. Environmental Science and Pollution Research，2014，21(6)：4697-4704.

[55] 傅海辉，黄启飞，朱晓华，等．温度和停留时间对十溴联苯醚在污染土壤中热脱附的影响[J]. 环境科学研究，2012，25(9)：981-986.

[56] 白四红，陈彤，祁志福，等．载气流量及升温速率对污染土壤中多氯联苯热脱附的影响[J]. 化工学报，2014，65(6)：2256-2263.

[57] GEORGE C E，AZWELL D E，ADAMS P A，et al. Evaluation of steam as a sweep gas in low temperature thermal desorption processes used for contaminated soil clean up[J]. Waste Management，1995，15(5/6)：407-416.

[58] LIU J，QI Z F，LI X D，et al. Effect of oxygen content on the thermal desorption of polychlorinated biphenyl-contaminated soil[J]. Environmental Science and Pollution Research International，2015，22(16)：12289-12297.

[59] MECHATI F，ROTH E，RENAULT V，et al. Pilot scale and theoretical study of thermal reme-

diation of soils[J]. Environmental Engineering Science, 2004, 21(3): 361-370.

[60] BAI S H, QI Z F, LIU J, et al. Effect of carrier gas flow rate in thermal desorption process of PCBs contaminated soil[J]. Advanced Material Research, 2014, 878: 731-738.

[61] FALCIGLIA P P, GIUSTRA M G, VAGLIASINDI F G. Low-temperature thermal desorption of diesel polluted soil: Influence of temperature and soil texture on contaminant removal kinetics [J]. Journal of Hazardous Materials, 2011, 185(1): 392-400.

[62] TATANO F, FELICI F, MANGANI F. Lab-scale treatability tests for the thermal desorption of hydrocarbon-contaminated soils[J]. Soil and Sediment Contamination: An International Journal, 2013, 22(4): 433-456.

[63] 张亚峰，安路阳，王风贺．有机污染场地土壤热解吸技术研究进展[J]．环境保护科学，2021，47(1)：124-135.

[64] 李磊，李怿，王龙延，等．污染土壤中多环芳烃热解吸影响因素的研究[J]．石油炼制与化工，2018，49(4)：89-93.

[65] FU H H, HUANG Q F, ZHU X H, et al. Effects of soil particle size and organic matter content on thermal desorption of polybrominated diphenyl ether[J]. Chinese Journal of Environmental Engineering, 2013, 7(7): 2769-2774.

[66] 张攀，高彦征，孔火良．污染土壤中硝基苯热脱附研究[J]．土壤，2012，44(5)：801-806.

[67] FEENEY R, NICOTRI P J, JANKE D. Overview of Thermal Desorption Technology[J]. Engineering, 1998. DOI: 10.21236/ada352083.

[68] ONG S K, CULVER T B, LION L W, et al. Effects of soil moisture and physical-chemical properties of organic pollutants on vapor-phase transport in the vadose zone[J]. Journal of Contaminant Hydrology, 1992, 11(3/4): 273-290.

[69] ZHANG X Y, LI F S, XU D P, et al. Removal of POPs pesticides from soil by thermal desorption and its effect on physic-chemical properties of the soil[J]. Chinese Journal of Environmental Engieering, 2012, 6(4): 1381-1386.

[70] 王瑛，李扬，黄启飞，等．有机质对污染土壤中 DDTs 热脱附行为的影响[J]．环境工程学报，2011，5(6)：1419-1424.

[71] CHEN W, CHEN M, SUN C, et al. Eggshell and plant ash addition during the thermal desorption of polycyclic aromatic hydrocarbon-contaminated coke soil for improved removal efficiency and soil quality [J]. Environmental Science and Pollution Research, 2020, 27(10): 11050-11065.

[72] 廖志强，朱杰，罗启仕，等．污染土壤中苯系物的热解吸[J]．环境化学，2013，32(4)：646-650.

[73] 勾立争，刘长波，刘诗诚，等．热脱附法修复多环芳烃和汞复合污染土壤实验研究[J]．环境工程，2018，36(2)：184 -187.

[74] RISOUL V, RENAULD V, TROUVE G, et al. A laboratory pilot study of thermal decontamination of soils polluted by PCBs. Comparison with thermogravimetric analysis[J]. Waste Manage-

ment, 2002, 22 (1): 61-72.

[75] 朱腾飞，赵龙，张琪，等．优化热脱附技术对十溴联苯醚污染土壤的适用性及修复效果[J]. 环境科学研究，2016，29(2)：262-270.

[76] TROXLER W, CUDAHY J, ZINK R, et al. Treatment of nonhazardous petroleum-contaminated soils by thermal desorption technologies[J]. Air Repair, 1993, 43 (11): 1512-1525.

[77] ZHAO C, DONG Y, FENG Y F, et al. Thermal desorption for remediation of contaminated soil: A review[J]. Chemosphere, 2019, 221: 841-855.

[78] 夏天翔，姜林，魏萌，等．焦化厂土壤中 PAHs 的热脱附行为及其对土壤性质的影响[J]. 化工学报，2014，65(4)：1470-1480.

[79] LING W T, ZENG Y C, GAO Y Z, et al. Availability of polycyclic aromatic hydrocarbons in aging soils[J]. Journal of Soils and Sediments, 2010, 10(5): 799-807.

[80] 戴梦嘉，刘钰钦，张倩，等．熟石灰强化热脱附修复重质石油污染土壤[J]. 环境工程学报，14(12)：3534-3540.

[81] LIU J, QI Z F, ZHAO Z H, et al. Thermal desorption of PCB-contaminated soil with sodium hydroxide[J]. Environmental Science and Pollution Research, 2015, 22(24): 19538-19545.

[82] LIU J, ZHANG H, YAO Z T, et al. Thermal desorption of PCBs contaminated soil with calcium hydroxide in a rotary kiln[J]. Chemosphere, 2019, 220: 1041-1046.

[83] LI D W, ZHANG Y B, QUAN X, et al. Microwave thermal remediation of soil contaminated with crude oil enhanced by granular activated carbon[J]. Journal of Environmental Science, 2009, 30(2): 557-562.

[84] LIU J, CHEN T, QI Z F, et al. Thermal desorption of PCBs from contaminated soil using nano zerovalent iron[J]. Environmental Science and Pollution Research, 2014, 21: 12739-12746.

[85] LIU J, QI Z F, LI X D, et al. Thermal desorption of PCBs from contaminated soil with copper dichloride[J]. Environmental Science and Pollution Research, 2015, 22(23): 19093-19100.

[86] LI J, HE C F, CAO X T, et al. Low temperature thermal desorption-chemical oxidation hybrid process for the remediation of organic contaminated model soil: A case study[J]. Journal of Contaminant Hydrology, 2021, 243: 103908.

[87] LI J H, SUN X F, YAO Z T, et al. Remediation of 1, 2, 3-trichlorobenzene contaminated soil using a combined thermal desorption-molten salt oxidation reactor system[J]. Chemosphere, 2014, 97: 125-129.

[88] ZHAO Z H, LI X D, NI M J, et al. Remediation of PCB-contaminated soil using a combination of mechanochemical method and thermal desorption[J]. Environmental Science and Pollution Research, 2017, 24: 11800-11806.

[89] KHAN F I, GHOSHAL A K. Removal of volatile organic compounds from polluted air[J]. Journal of Loss Prevention in the Process Industries, 2000, 13(6): 527-545.

[90] LI W B, GONG H. Recent progress in the removal of volatile organic compounds by catalytic combustion[J]. Acta Physico-Chimica Sinica, 2010, 26(4): 885-894.

[91] LI W B, WANG J X, GONG H. Catalytic combustion of VOCs on non-noble metal catalysts

[J]. Catalysis Today, 2009, 148(1/2): 81-87.

[92] YANG Y, WANG G, FANG D, et al. Study of the use of a Pd-Pt-based catalyst for the catalytic combustion of storage tank VOCs[J]. International Journal of Hydrogen Energy, 2020, 45(43): 22732-22743.

[93] HUANG H B, XU Y, FENG Q Y, et al. Low temperature catalytic oxidation of volatile organic compounds: A review [J]. Journal of Catalysis Science and Technology, 2015, 5(5): 2649-2669.

[94] YANG C T, MIAO G, PI Y H, et al. Abatement of various types of VOCs by adsorption/catalytic oxidation: A review[J]. Chemical Engineering Journal, 2019, 370: 1128-1153.

[95] CARABINEIRO S A C, CHEN X, KONSOLAKIS M, et al. Catalytic oxidation of toluene on Ce-Co and La-Co mixed oxides synthesized by exotemplating and evaporation methods[J]. Journal of Catalysis Today, 2015, 244: 161-171.

[96] KAMAL M S, RAZZAK S A, HOSSAIN M M. Catalytic oxidation of volatile organic compounds (VOCs)-A review[J]. Journal of Atmospheric Environment, 2016 140: 117-134.

[97] KIM S, SHIM W. Catalytic cmbustion of VOCs over a series of manganese oxide catalysts [J]. Applied Catalysis B Environmental, 2010, 98(3): 180-185.

[98] PRASAD R, KENNEDY L A, RUCKENSTEIN E. Catalytic combustion[J]. Catalysis Reviews, 1984, 26(1): 1-58.

[99] BERTINCHAMPS F, ATTIANESE A, MESTDAGH M M, et al. Catalysts for chlorinated VOCs abatement: multiple effects of water on the activity of VOX, based catalysts for the combustion of chlorobenzene[J]. Catalysis Today, 2006, 112(1): 165-168.

[100] MUDLIAR S, GIRI B, PADOLEY K, et al. Bioreactors for treatment of VOCs and odours-A review[J]. Journal of Environmental Management, 2010, 91(5): 1039-1054.

[101] DHAMODHARAN K, VARMA V S, VELUCHAMY C, et al. Emission of volatile organic compounds from composting: A review on assessment, treatment and perspectives[J]. Science of the Total Environment, 2019, 695: 133725.

[102] KUMAR A, DEWULF J, LANGENHOVE H V. Membrane-based biological waste gas treatment[J]. Chemical Engineering Journal, 2008, 136(2/3): 82-91.

[103] DEWULF J. Heterogeneous photocatalysis as an advanced oxidation process for the abatement of chlorinated, monocyclic aromatic and sulfurous volatile organic compounds in air: State of the art[J]. Critical Reviews in Environmental Science and Technology, 2007, 37(6): 489-538.

[104] SHAYEGAN Z, LEE C S, HAGHIGHAT F. TiO_2 photocatalyst for removal of volatile organic compounds in gas phase-A review[J]. Chemical Engineering Journal, 2018, 334, 2408-2439.

[105] ZENG L, LU Z, LI M H, et al. A modular calcination method to prepare modified N-doped TiO_2 nanoparticle with high photocatalytic activity[J]. Journal of Applied Catalysis B: Environmental, 2016, 183, 308-316.

[106] DEMEESTERE K, DEWULF J, LANGENHOVE H V. Heterogeneous photocatalysis as an advanced oxidation process for the abatement of chlorinated, monocyclic aromatic and sulfurous

volatile organic compounds in air: State of the art [J] . Critical Reviews in Environmental Science and Technology, 2007, 37(6): 489-538.

[107] VANDENBROUCKE A M, MORENT R, De G N, et al. Non-thermal plasmas for non-catalytic and catalytic VOC abatement [J] . Journal of Hazardous Materials, 2011, 195 (195): 30-54.

[108] GUO Y F, YE D Q, TIAN Y F, et al. Humidity effect on toluene decomposition in a wire-plate dielectric barrier discharge reactor[J]. Plasma Chemistry and Plasma Processing, 2006, 26(3): 237-249.

[109] KIM H H. Nonthermal plasma processing for air-pollution control: A historical review, current issues, and future prospects[J]. Plasma Processes and Polymers, 2004, 1(2): 91-110.

[110] MIZUNO A. Industrial applications of atmospheric non-thermal plasma in environmental remediation[J]. Plasma Physics and Controlled Fusion, 2007, 49: A1-A15.

[111] CUI L, SONG X D, LI Y Z, et al. Synergistic capture of fine particles in wet flue gas through cooling and condensation[J]. Applied Energy, 2018, 225, 656-667.

[112] LI Y Z, YAN M, ZHANG L Q, et al. Method of flash evaporation and condensation e heat pump for deep cooling of coal - fired power plant flue gas: latent heat and water recovery [J]. Applied Energy, 2016, 172: 107-117.

[113] DAVIS R J, ZEISS R F. Cryogenic condensation: A cost-effective technology for controlling VOC emissions[J]. Environmental Progress, 2002, 21(2): 111-115.

[114] 代雪萍，王焱，谢晓峰，等．挥发性有机物治理技术研究现状[J]．材料工程，2020，48(11)：1-8.

[115] 孟凡飞，王海波，刘志禹，等．工业挥发性有机物处理技术分析与展望[J]．化工环保，2019，39(4)：387-395.

[116] YUAN Y, CAO G, ZHAI X. Research progress of volatile organic compounds treatment process and catalyst[J]. Industrial Catalysis, 2019, 27(7): 11-18.

[117] ZHANG L, PENG Y X, ZHANG J, et al. Adsorptive and catalytic properties in the removal of volatile organic compounds over zeolite - based materials [J] . Chinese Journal of Catalysis, 2016, 37(6): 800-809.

[118] 吕双春，葛云丽，赵倩，等．高硅分子筛的合成及其在 VOCs 吸附去除领域的应用[J]．环境化学，2017，36(07)：1492-1505.

[119] MARTINEZ F, PARIENTE I, BREBOU C, et al. Chemical surface modified-activated carbon cloth for catalytic wet peroxide oxidation of phenol[J]. Journal of Chemical Technology and Biotechnology, 2014, 89(8): 1182-1188.

第6章　联用技术展望

1　背景

《全国土壤污染状况调查公报》结果显示，我国土壤环境状况总体不容乐观，全国土壤总超标率为16.1%，其中轻微、轻度、中度和重度污染点位的比例分别为11.2%、2.3%、1.5%和1.1%。我国土壤污染面积大、程度重，但相关土壤修复工程项目要求的工期较短，需要采取一些处理效果好且修复周期短的技术。这使得针对有机物污染场地的化学氧化修复技术、异位热脱附技术、原位热脱附技术，以及针对重金属污染的固化/稳定化技术成为我国污染场地修复的主流技术。而既能处理重金属也能处理有机污染物的水泥窑协同处置技术和土壤淋洗技术也有较多应用[1,2,3]。

在上述几种技术中，修复效果持久、修复效率较高的热脱附技术和土壤淋洗技术在单独使用时可能会对土壤产生一定影响。下面将分别阐述这些影响，并介绍降低对土壤影响的改进方法。

2　热脱附对土壤的影响及改善其影响的相关联用技术

2.1　热脱附对土壤的影响

有机质是土壤中的关键组分，对土壤有着重大意义，土壤的生态服务功能与其含量息息相关。热脱附会影响土壤中有机质的浓度及形态。一方面，它会导致土壤有机质降解，降低其浓度，因为热脱附修复污染物时所需的温度超过大多数土壤有机质组分保持稳定时所需的温度。土壤有机质的降解程度取决于其组成和处理温度。不同土壤有机质成分的降解机制和发生降解的温度不同，如挥发性成分在100~200℃就会被蒸馏出去，而烷基芳香烃、脂类和甾醇在加热到500℃以上时才会挥发并发生碳化。这也导致热脱附的处理温度越高，土壤有机质降解程度越大，有机质损失量也越大，而土壤有机质的损失会导致土壤肥力和生态服务功能下降。另一方面，它会改变土壤中剩余有机质的结构，因为某些土壤有机质会缩合成芳香族结构，如在金属存在的情况下，腐植酸会形成具有较大表面积的焦炭，而芳香族结构具有疏水性，使得土壤的疏水性上升，导水性下降，不利于维持土壤的生态功能[4-6]。

热脱附导致土壤质地和矿物组成发生变化。黏土矿物的晶格结构在过度加热时发生脱水和分解。在晶格结构分解后，无定形态、黏粒大小的颗粒被土壤有机质降解过程中释放的铁、铝氢氧化物黏合在一起，使土壤颗粒的尺寸变大，最终导致土壤中黏粒含量下降，粉粒乃至砂粒的含量上升，使土壤质地发生改变。然而，这种改变取决于土壤原本的矿物组成和处理温度，因为不同黏土矿物的热稳定性不同，发生晶体结构分解的温度也不同。例如，高岭石结构在加热到420~500℃时开始分解，而白云母结构加热到940℃以上才分解。此外，高温(300~500℃)热处理会导致土壤中的粉砂与黏粒通过胶结效应形成较大的团聚颗粒，使砂粒含量增加，而低温(200℃)热处理会增加土壤中黏粒的比例。黏粒的持水性较好，土壤中黏粒含量越高，土壤的最大持水量也就越大；砂粒保持水分和养分的能力均很差，其在土壤中含量的增加，会增加土壤对风蚀的敏感性。因此，热脱附会改变土壤粒径和比表面积，这可能会影响土壤的孔隙度和阳离子交换容量，进而影响土壤的持水性和供肥能力[4,5,7]。

在热脱附过程中，土壤pH值可能会发生变化，且这种变化受温度的影响。在较低温度(<250℃)下，土壤pH值保持不变或略有降低。这种降低可能是由一些氧化反应以及CO_2矿化后HCO_3^-的形成引起的；它还归因于加热过程中释放的阳离子将H^+从黏土和土壤有机质上的交换位点上转移出来；土壤有机质被矿化，也会释放出易于转化为HCO_3^-的CO_2。然而，在高温(>250℃)下，pH值会增加。这首先是由于土壤有机质热解造成的。有机酸被破坏，从土壤溶液中去除其酸化影响；土壤有机质热解还会使土壤溶液中含有丰富的碱性阳离子，较高的温度和土壤胶体的脱水转移了H^+并用碱性阳离子替代。因此，有机质含量较高的土壤在热脱附后pH值可能会有更大的变化。相反，在土壤有机质含量较低或$CaCO_3$含量较高的土壤中，pH值变化不太明显(500℃以下)，因为$CaCO_3$可起缓冲作用避免极端的pH值变化。高温下pH值的增加也可能是因为碳酸盐分解。碳酸盐加热分解时，会释放出CO_2，留下金属氧化物。由于Ca(特别是碳酸盐形式)占土壤中可交换碱的75%~85%，因此碳酸盐分解也会降低土壤酸度。pH值的改变会影响许多与土壤有关的作用，如植物耐受性、根和叶的生长及阳离子交换容量。pH值还是影响重金属赋存形态的关键指标之一，其改变可能会影响重金属的活性，从而进一步影响土壤性能[4-7]。

热脱附还会改变土壤中植物可利用的养分。在较低的温度(<220℃)下，土壤加热会使有机N矿化成NO_3^-和NH_4^+(主要是NH_4^+)，增加植物可利用的N含量，但当温度高于220℃时，土壤有机质会发生分解，使C和N通过挥发损失，降低土壤中的总氮含量。土壤中P有更强的耐热能力，即使在总土壤质量由于加热减

少时，P 仍能存在于其中，从而在土壤加热后增加土壤中的总磷含量。此外，由于 P 的挥发温度比 C 或 N 高得多，这种增加也是有机磷矿化成无机磷的结果。但在某些情况下，植物可利用的 P 在再羟基化后与形成的新的更具反应性的矿物质相互作用，这可能会吸收更多的 P 并降低其植物可利用的部分；在高温（>300℃）加热下，由于 P 被纳入磷灰石矿物中，植物可利用的部分也会降低[5]。

一般来说，土壤加热对微生物有害，这可以从加热土壤以破坏病原体或不需要的细菌或真菌这一常见做法中得到证明。但值得注意的是，这种加热发生在比热脱附低得多的温度（如 50~125℃）下，不会对土壤进行灭菌，而是消灭某些目标生物。因此，总土壤微生物生物量在加热到 200℃ 条件下仍可以存在。虽然土壤生物量在加热后会立即下降，但它们的恢复是快速的，其可以发生在低温（<300℃）热脱附后的几天之内。相反，在更极端的加热（>300℃）后，超过 100d 甚至超过 270d 微生物可能都不会恢复[5]。

2.2 改善热脱附对土壤影响的方法

热脱附对土壤的影响首先可通过在热脱附过程中向土壤加入添加剂来缓解。Chen 等[8]研究发现，将蛋壳和植物灰等碱性物质作为热脱附过程中的添加剂，使热脱附过程中土壤颗粒的结块在一定程度上得到缓解，土壤中大颗粒（100~400 μm，为烧结产生的团聚体的粒径范围）含量减少，土壤特性得到改善，从而提高了土壤的阳离子交换能力，缓解了阳离子交换容量的下降趋势；添加剂还能在一定程度上缓解土壤有机质热解，使得热脱附后土壤中总有机质含量显著增加，土壤质量提升了一级。Wu 等[9]在研究热脱附耦合稳定化技术修复 Cd 和苯并[a]芘复合污染土壤时，也发现先加入磷酸盐材料进行稳定化有效减少了热脱附过程中有机物分解以及黏土矿物的脱水和崩解。

热脱附处理破坏性地改变了土壤的理化性质和生态功能，使得土壤不再适合种植植被，为改善其性质从而使其能用于绿化或种植，可向修复后的土壤中加入土壤改良剂。穆晓红等[10]使用园林绿化废弃物、发酵禽畜粪便和微生物菌肥配制成复配土壤改良剂，将其与热脱附修复后的土壤、种植土混合，发现改良后的土壤中孔雀草、黑麦草和月季的生长效果均良好，孔雀草的生长情况甚至好于对照组。Ilyas 等[11]联合施用了热脱附和慢速热解生物炭，相对于单独热脱附，由于联合处理提高了土壤的持水能力，最终增加了土壤肥力，使莴苣生长得到显著改善，萌发率、幼苗活力指数等指标均有所提升。

为恢复热脱附土壤的生态功能，还可将修复后的土壤与当地干净的表土混合。Bartsch[12]等研究发现热脱附修复土壤在混合了未受污染的表土后，由于引入了土壤有机质和养分，土壤中所种植植物的地上生物量和丛枝菌根真菌定值量均有所增加；除了数量更多、质量更高的土壤有机质外，混合操作还向修复土壤中引入了本地微生物，使得微生物总丰度、土壤细菌丰度和放线菌丰度均显著增加，大大加速了土壤的生态恢复速度。

3　土壤淋洗对土壤的影响及改善其影响的相关联用技术

3.1　土壤淋洗对土壤的影响

土壤淋洗技术实际上是物理分离与化学提取这两种技术的组合。其对土壤的影响与其所选取的具体工艺流程和淋洗剂有关[7]。受土壤质地和淋洗剂种类的影响，土壤淋洗可能会改变土壤有机质含量。在使用有机淋洗剂时，砂粒含量较高的土壤比表面积较小，土壤中原有的有机质容易被洗脱，而不容易对淋洗剂产生吸附或者再吸附，所以淋洗后土壤有机质含量可能会下降；粉粒含量较高的土壤对原有有机质保持较好，或者原有有机质脱附量和有机淋洗剂吸附量持平，使得淋洗后土壤有机质含量可能变化不明显；黏粒含量高的土壤不但对原有有机质保持较好，而且表面容易吸附有机淋洗剂，导致淋洗后土壤有机质含量上升。因此，有机淋洗剂对土壤有机质改善具有重要意义，但也要考虑淋洗剂残留对土壤的影响。例如，EDTA 在进入土壤后难以降解，会增加土壤毒性，而柠檬酸是可降解的自然有机物，潜在环境风险较小，较为环保；残留淋洗剂会增强土壤中未被洗去的污染物活性，促进其继续向土壤溶液中释放，在修复后的土壤中种植植物，可能使植物中的污染物含量超标。无机淋洗剂不会补充土壤有机质，只会在淋洗过程中通过去除可溶性和颗粒有机物降低土壤有机质含量，降低土壤质量[13-17]。

土壤淋洗可能会影响土壤质地。在进行土壤淋洗时，一些项目在物理分离过程中去除较细(<0.075 mm)的土壤，因为这部分土壤大多是粉土和黏土，比表面积、阳离子交换容量高，渗透性差，污染物会强烈地吸附在它们的表面，这使得这部分土壤中污染物的去除模式与其他土壤显著不同，去除难度很大，如果与其他土壤一起处理，难以满足监管限值。而去除较细的土壤颗粒会使土壤质地中砂粒含量上升，黏粒含量下降，最大持水量下降。前者有利于土壤中的水和溶解于其中的养分向下移动，但后者会降低土壤的表面张力以及土壤中水和养分的吸收能力，从而影响植物的生产力。在不去除细粒土壤时，由于土壤淋洗会造成土壤成分流失，改变土壤团粒间的相互作用力，使团粒间相互黏结的作用降低，再加上淋洗过程中的机械扰动，大粒径的团聚体结构会被破坏解体为小粒径团聚体，使得土壤中黏粒含量上升，砂粒含量下降，土壤质地变细，土壤渗透性下降[17-20]。

土壤淋洗对土壤 pH 值的影响取决于土壤质地、土壤组成和淋洗剂种类。盐酸、硫酸、柠檬酸、$FeCl_3$等淋洗剂由于其溶液本身呈酸性，会将大量 H^+带入土壤，可能会降低土壤 pH 值，造成土壤酸化；NaOH 等碱性洗涤剂残留在土壤中则可能提高土壤 pH 值。由于重金属离子在污染土壤中的水解通常导致土壤呈酸性，因此用 EDTA 等螯合剂将部分重金属洗脱可能在一定程度上提高土壤 pH 值。淋洗可能使结合松散的土壤团聚体分解，导致细粒土壤的比例上升，从而增加其阳离子交换容量和土壤 pH 值。当土壤中富含伊利石等阳离子交换能力强的矿物组分时，淋洗带来的土壤 pH 值变化可得到缓冲，使得土壤 pH 值几乎不受影响[14,20-24]。

土壤淋洗也会改变土壤的阳离子交换容量，变化情况取决于淋洗剂种类。酸性很强的淋洗剂能提供的大量 H^+，而 H^+与土壤表面的阳离子发生交换，导致土壤原先的 K、Ca、Mg 等阳离子被交换下来，降低土壤的阳离子交换容量。在螯合剂不含有 Na^+、K^+、Ca^{2+}、Mg^{2+}等离子时，由于污染土壤中的 Fe、Mg、K 等非目标元素也会与螯合剂发生竞争性络合，从而随着目标重金属的淋洗而淋出，导致土壤的阳离子交换容量下降。在淋洗剂含有 Na^+、K^+等离子时，淋洗将这些离子引入土壤，反而增强了土壤的阳离子交换容量。有机淋洗剂可能会残留在土壤中，其中的 Ca、Mg 等离子可能会被释放重新成为可交换离子，使阳离子交换容量的减少量降低[20,25-27]。

土壤的养分元素包括氮、磷和钾，淋洗对它们的影响与淋洗剂种类有关。土壤速效氮包括 NH^{4+}、NO_3^-和易水解的有机氮，速效磷包括全部水溶性磷、部分吸附态磷、有机态磷和某些沉淀态磷，速效钾则包括水溶性钾和交换性钾。在淋洗剂不含速效氮、速效磷时，由于淋洗对土壤基质具有冲刷作用，部分氮元素和磷元素会被带走，导致淋洗后土壤中的全氮和速效氮、全磷和速效磷含量都有可能下降。在这种情况下，如果淋洗剂呈酸性，土壤中不可用的氮、磷会被转化为速效氮和速效磷，加剧土壤全氮和磷的流失；如果淋洗剂中含有能与磷竞争吸附点位的阴离子，或淋洗剂能活化部分磷，土壤中速效磷含量也会增加，从而使全氮的损失更为严重。在淋洗剂含有速效氮或速效磷时，淋洗剂残留会将部分养分元素带入土壤中，补充由于冲刷作用所流失的养分，使得养分减少量降低甚至提高土壤养分含量。对于钾元素，前述阳离子交换容量的降低伴随着土壤全钾和速效钾含量的降低，淋洗剂含有 K^+则会同时补充土壤中钾的损失，此外，由于土壤有机质在一定程度上能固定钾，土壤有机质含量的提升能减缓土壤中钾的流失[28-32]。

土壤微生物群落的结构和活性是衡量土壤质量变化的主要指标之一。土壤淋洗改变了土壤的理化性质，从而影响其微生物活性。土壤 pH 值对微生物活性至关重要，它会影响微生物细胞膜的完整性和功能，以及生物量和群落结构。在低

pH 值条件下，土壤重金属元素很容易转化为更具移动性或生物可利用性的形式，对微生物生存构成威胁。淋洗后土壤 pH 值和养分含量等的变化不仅会显著降低土壤中细菌和真菌的丰富度和均匀性，还会对土壤酶活性产生巨大影响。这种酶活性的降低可能在修复后仍不能完全恢复到健康状态[7]。

3.2 改善淋洗影响的相关联用技术

淋洗技术带来的土壤影响首先可通过与固化/稳定化技术联用，即通过在淋洗后施加改良剂加以改善。施加石灰、$CaCO_3$、$Ca(OH)_2$等碱性物质后，它们的碱性可直接中和淋洗后呈酸性的土壤，提高土壤 pH 值；它们向土壤提供大量Ca^{2+}，有效增加了土壤的阳离子交换容量；它们的阴离子还能稳定土壤中残留的重金属，将淋洗剂活化的重金属离子固定为碳酸盐或氢氧化物沉淀，降低其生物活性。生物炭中含有丰富的有机质和氮、磷、钾元素，施加后可直接提高土壤的养分含量和肥力；其中还含有丰富的K^+、Ca^{2+}、Mg^{2+}等盐基离子，施加后这些离子会被释放，既能吸附土壤中的交换性H^+和Al^{3+}，提高土壤 pH 值，又能增加土壤阳离子交换容量；生物炭较高的比表面积和丰富的表面官能团使其能吸附和固定土壤中的重金属离子或有机污染物，降低它们的环境危害性。有机肥有类似于生物炭的优点，能提供养分、提高 pH 值和阳离子交换容量，但它对 pH 值和阳离子交换容量的改善能力更强。前者是因为有机肥本身就含有一定碱性物质，可以中和酸性土壤，后者则是因为它能显著改善土壤有机质质量，提高土壤中活性有机碳和碳库管理指数。有机肥对残留重金属的固定作用来自其含有的胡敏酸等腐植酸，这些腐植酸对金属离子及其水和氧化物有较强的螯合作用，可形成不溶性螯合物，从而降低金属的生物有效性[16,33,34]。

淋洗技术与固化/稳定化技术联用只能改善土壤性质并降低土壤残留重金属的毒性，而不能改善残留有机污染物的生物利用性。淋洗-生物修复技术则不存在这一问题。与单独的淋洗技术或生物修复相比，淋洗-生物修复技术能实现更高的污染物去除率。Chen 等[35]在修复多环芳烃和重金属混合污染土壤时，联用了超声辅助土壤淋洗和生物强化技术。在超声辅助下仅用甲基-β-环糊精、乙二胺二琥珀酸混合淋洗剂淋洗两次后，土壤中多环芳烃和重金属的去除效率分别为 84.5%和 81.3%，残留重金属达标但多环芳烃未达标；直接在原始土壤中接种多环芳烃降解菌，16 周后其去除率仅为 12.4%。淋洗 16 周后，在养分充足的情况下，在未接种降解菌的土壤中多环芳烃去除率约为 31.5%，在接种土壤中则高达 86.8%。Gong 等[36]将 Tween-80 和生物柴油混合淋洗与分枝杆菌生物降解结合修复多环芳烃污染土壤，也得出类似结论。联用技术的去除率之所以高于单纯淋洗技术，是因为通过接种特定的有机污染物降解菌可显著增强原始土壤中微生物数量及酶活性，从而促进有机污染物的生物降解。而联用技术比单独生物修复效率高，则是因为那些水溶性低、结构复杂的有机污染物(如环数较多的多环芳烃)会被土壤有机质强烈吸附，导致其生物利用性和移动性很差，单独的生物修复难以降解。如果土壤中还同时存在高浓度有毒金属，有机污染物的生物降解还会受到进一步抑制。联用技术中的淋洗步骤可降低土壤中污染物(包括有机污染物和有毒金属)浓度，减轻土壤微毒性，有利于微生物生长，残留淋洗剂的存在一方面可增加土壤中剩余有机污染物的溶解度，使其容易被微生物所降解，另一方面可作为微生物的生长基质，激活生物降解活性[37]。

淋洗-植物修复技术也可改善淋洗对土壤的影响。单独化学淋洗很难去除土壤中所有污染物，在淋洗后进行植物修复可提高重金属去除率，降低淋洗后土壤中残留重金属污染物浓度。Yu 等[38]发现，单独用 $FeCl_3$ 和柠檬酸混合淋洗时，Cd、Pd 和 Zn 去除率分别为 15.8%、19.7%和 18.1%，单独用植物伴矿景天修复时三种重金属去除率分别为 37.9%、3.85%和 30.4%，而在淋洗后用伴矿景天修复会使土壤中三种重金属浓度继续下降至 50.0%、9.60%和 28.0%，总去除率分别达到 65.8%、29.3%和 46.1%。植物在具有高金属浓度、高营养水平和高金属溶解度的土壤中积累更多的金属，淋洗后土壤中重金属含量降低，但伴矿景天的植物提取效率仍能达到与未提取土壤中相似的水平，这是因为化学淋洗活化了污染土壤中的金属，增加了 $CaCl_2$ 提取态重金属浓度及酸可提取态重金属的百分比，促进了植物修复。在淋洗后进行植物修复还可提高有机污染物的去除效率。Ye 等[40]研究发现，在淋洗后的土壤中栽培香根草 3 个月后，总有机氯农药被进一步去除了 34.7%。然而，这其中仅有 0.4%是被香根草所提取的，这说明植物提取在有机污染物的生物降解中作用有限，它应该是通过增强微生物活性来促进有机污染物的生物降解的。显然，联用技术能恢复淋洗后土壤的微生物功能。在用甲基-β-环糊精和葵花子油连续淋洗有机氯农药污染的土壤后，Ye 等[40]观察到土壤中细菌、放线菌和真菌的数量、微生物量碳、微生物量氮、香农-韦弗指数和辛普森多样性指数均显著下降，但在添加养分并栽培马齿苋 3 个月后，这些数值又都显著增加，甚至超过对照组。结果表明：马齿苋的栽培和养分的添加为土壤中微生物生存和定植提供了更合适的微观世界，栽培马齿苋 3 个月使淋洗土壤的微生物功能得到部分恢复[41]。

4 总结与展望

鉴于我国土壤工业污染场地的污染特点及修复要求，快速、高效的修复技术在未来一段时间内仍将处在主流地位，并逐步发展完善，形成一套统一的技术、装备、评价标准工程体系。此外，修复技术体系将朝着综合交叉的方向发展。每种技术都有各自的优势和不足，不同技术的综合运用可实现优势互补，达到效益最大化。随着我国降碳减排政策的提出，绿色技术得到更多的推广与应用。这其中，基于自然的方法受到了很大的重视。该方法“受到大自然的启发和支持，具有成本效益，同时提供环境、社会效益和经济效益，帮助建立复原力”。在土壤修复的背景下，基于自然的方法旨在与自然相向而非相悖而生，这其中就包括植物修复和微生物修复。然而，绿色修复也有其局限性。例如，在基于植物的修复技术中，收获后收集的富含金属的植物组织如果处置不当，则会成为污染源。植物稳定仅在根际内有效，对深层土壤无法修复。此外，对于微生物的修复方法而言，微生物的低复原力阻碍了该方法的可持续性。微生物对环境变化非常敏感，温度、氧化还原电位、水分、营养物质和有机物的微小变化可能会引起微生物代谢途径的重大转变，从而导致基于微生物修复工艺的失败。最后，过长的修复持续时间阻碍了绿色修复技术的应用。虽然基于植物和微生物的修复技术似乎增加了环境的可持续性，但工程中通常首选时间框架较短的修复策略，以快速获得投资回报，确保经济可持续性。因此，从应用的角度来看，应在环境和经济效益之间取得平衡。综上所述，绿色修复技术可与传统技术如热脱附、土壤淋洗技术相结合，作为后续处理技术。传统技术发挥优势将污染物快速降至一定水平后，可采用绿色技术继续处理以达到理想程度。

参 考 文 献

[1] 周思凡，张程真．我国土壤修复技术工程应用[J]．广东化工，2022，49(12)：151-153.

[2] 土壤与地下水修复行业 2019 年发展报告[C]//2020：211-246.

[3] 陈恺，孙硕，韩伟欣，等．污染场地修复现状及修复技术展望[C]//中国环境科学学会 2022 年科学技术年会——环境工程技术创新与应用分会场．2022：267-271.

[4] 叶渊，许学慧，李彦希，等．热处理修复方式对污染土壤性质及生态功能的影响[J]．环境工程技术学报，2021，11(2)：371-377.

[5] O'BRIEN P L，DESUTTER T M，CASEY F X M，et al. Thermal remediation alters soil properties-a review[J]. Journal of Environmental Management，2018，206：826-835.

[6] VIDONISH J E，ZYGOURAKIS K，MASIELLO C A，et al. Thermal treatment of hydrocarbon-impacted soils：A review of technology innovation for sustainable remediation[J]. Engineering，2016，2(4)：88-112.

[7] LEE S H，KIM S O，LEE S W，et al. Application of soil washing and thermal desorption for sustainable remediation and reuse of remediated soil[J]. Sustainability，2021，13(22)：12523.

[8] CHEN W，CHEN M，SUN C，et al. Eggshell and plant ash addition during the thermal desorption of polycyclic aromatic hydrocarbon-contaminated coke soil for improved removal efficiency and soil quality[J]. Environmental Science and Pollution Research International，2020，27(10)：11050-11065.

[9] WU B, GUO S H, ZHANG M, et al. Coupling Effects of combined thermal desorption and stabilisation on stability of cadmium in the soil[J]. Environmental Pollution, 2022, 310: 119905.
[10] 穆晓红，曲辰，王国玉，等．热脱附修复后土壤绿化土再利用改良效果研究[J]．市政技术，2022，40(8)：248-254.
[11] ILYAS N, SHOUKAT U, SAEED M, et al. Comparison of plant growth and remediation potential of pyrochar and thermal desorption for crude oil-contaminated soils[J]. Scientific Reports, 2021, 11(1): 2817.
[12] BARTSCH Z J, DESUTTER T M, GASCH C K, et al. Plant growth, soil properties, and microbial community four years after thermal desorption[J]. Agronomy Journal, 2022, 114(2): 1011-1026.
[13] 董汉英．工业废弃地多金属污染土壤的化学淋洗修复研究[D]．广州：中山大学，2008.
[14] 杜蕾．化学淋洗与生物技术联合修复重金属污染土壤[D]．西安：西北大学，2018.
[15] 陈欣园．复合淋洗剂对多种重金属污染土壤的淋洗技术研究[D]．上海：上海交通大学，2019.
[16] 翟秀清．化学淋洗和钝化技术联合修复重金属污染土壤[D]．长沙：湖南大学，2018.
[17] YI Y M, SUNG K. Influence of washing treatment on the qualities of heavy metal-contaminated soil[J]. Ecological Engineering, 2015, 81: 89-92.
[18] GAUTAM P, BAJAGAIN R, JEONG S W. Combined effects of soil particle size with washing time and soil-to-water ratio on removal of total petroleum hydrocarbon from fuel contaminated soil[J]. Chemosphere, 2020, 250: 126206.
[19] 朵雯佳．不同改良剂对重金属淋洗修复土壤团聚体的影响研究[D]．重庆：重庆大学，2021.
[20] 栾雪．采用 GLDA 化学淋洗修复镉等金属污染土壤研究[D]．大连：大连理工大学，2021.
[21] CHEN Y N, JIANG H J, LI Y P, et al. A critical review on EDTA washing in soil remediation for potentially toxic elements (PTEs) pollutants[J]. Reviews in Environmental Science and Bio/Technology, 2022, 21(2): 399-423.
[22] ZHANG H, XU Y, KANYERERE T, et al. Washing reagents for remediating heavy-metal-contaminated soil: A review[J]. Frontiers in Earth Science, 2022, 10: 901570.
[23] 李玉姣．有机酸和无机盐复合淋洗修复 Cd、Pb 污染农田土壤的研究[D]．南京：南京农业大学，2015.
[24] WANG Y W, MA F J, ZHANG Q, et al. An evaluation of different soil washing solutions for remediating arsenic-contaminated soils[J]. Chemosphere, 2017, 173: 368-372.
[25] 王玉鹏．复配淋洗剂对土壤中重金属和多氯联苯的淋洗效能与机理研究[D]．广州：广东工业大学，2021.
[26] HAZRATI S, FARAHBAKHSH M, HEYDARPOOR G, et al. Mitigation in availability and toxicity of multi-metal contaminated soil by combining soil washing and organic amendments stabilization[J]. Ecotoxicology and Environmetal Safety, 2020, 201: 110807.

[27] GUO X F, ZHAO G H, ZHANG G X, et al. Effect of mixed chelators of EDTA, GLDA, and citric acid on bioavailability of residual heavy metals in soils and soil properties[J]. Chemosphere, 2018, 209: 776-782.

[28] 高建波. 重金属污染土壤淋洗—植物—微生物联合修复技术的开发与应用[D]. 南京: 南京农业大学, 2018.

[29] 张淑娟. 镉铅污染钙质土化学淋洗修复研究[D]. 长沙: 中南大学, 2013.

[30] 刘西萌. 柠檬酸改性木质素磺酸钠淋洗去除土壤重金属机理研究[D]. 雅安: 四川农业大学, 2020.

[31] 郭志红. 柠檬酸-聚环氧琥珀酸复配淋洗修复重金属污染土壤的研究[D]. 武汉: 武汉科技大学, 2021.

[32] 冯伟进. 两种螯合剂 EDTMP 和 PAA 对土壤重金属的去除研究[D]. 雅安: 四川农业大学, 2020.

[33] 杨玉红. 土壤淋洗与化学改良联合修复重金属污染土壤研究[D]. 太原: 太原科技大学, 2019.

[34] 李燕燕. 菜地土壤铅镉污染的原位淋洗—固化修复研究[D]. 重庆: 西南大学, 2015.

[35] CHEN F, TAN M, MA J, et al. Restoration of manufactured gas plant site soil through combined ultrasound-assisted soil washing and bioaugmentation[J]. Chemosphere, 2016, 146: 289-299.

[36] GONG X, XU X Y, GONG Z Q, et al. Remediation of PAH-contaminated soil at a gas manufacturing plant by a combined two-phase partition system washing and microbial degradation process[J]. Environmental Science and Pollution Research International, 2015, 22(16): 12001-12010.

[37] HAAPEA P, TUHKANEN T. Integrated treatment of PAH contaminated soil by soil washing, ozonation and biological treatment[J]. Journal of Hazardous Materials, 2006, 136(2): 244-250.

[38] YU X A, ZHOU T, ZHAO J, et al. Remediation of a metal-contaminated soil by chemical washing and repeated phytoextraction: a field experiment[J]. International Journal of Phytoremediation, 2021, 23(6): 577-584.

[39] SUNG M, LEE C Y, LEE S Z. Combined mild soil washing and compost-assisted phytoremediation in treatment of silt loams contaminated with copper, nickel, and chromium[J]. Journal of Hazardous Material, 2011, 190(1-3): 744-754.

[40] YE M, SUN M M, LIU Z T, et al. Evaluation of enhanced soil washing process and phytoremediation with maize oil, carboxymethyl-beta-cyclodextrin, and vetiver grass for the recovery of organochlorine pesticides and heavy metals from a pesticide factory site[J]. Journal of Environmental Management, 2014, 141: 161-168.

[41] YE M, SUN M M, HU F, et al. Remediation of organochlorine pesticides (OCPs) contaminated site by successive methyl-beta-cyclodextrin (MCD) and sunflower oil enhanced soil washing-Portulaca oleracea L. cultivation[J]. Chemosphere, 2014, 105: 119-125.